魔方陣の理
Essence of magic squares

田崎 博之 著

共立出版

まえがき

　魔方陣とは，正方形の形に並んだマス目に数が入っていて，横に並んだ数の和，縦に並んだ数の和がすべて等しいものである．対角線に並んだ数の和も等しいものを考えることもある．読みは同じだが，魔法陣という異なるものがある．魔法が出てくるような物語に登場する魔法の力をもつ紋様や図形のことである．本書の主題の魔方陣とは関係ない（と私は思っている）．

　本書の主な目的は，数学のいくつかの概念を利用して多くの魔方陣を構成する方法を示すことである．魔方陣がどれだけあるかという問題にはあまり答えていないが，第3章で二つの場合を扱う．

　本書の内容をおおまかに述べておく．第1章では，魔方陣から補助方陣と呼ばれる二つの方陣を作ると，もとの魔方陣では見えにくかった数の並びのパターンが補助方陣では見えてくることを 3×3 の正方形に数を入れた魔方陣の場合に観察する．この数の並び方のパターンからラテン方陣の概念を導入する．魔方陣から補助方陣を構成する方法の逆を考えるために，オイラー方陣の概念を導入する．さらに剰余環を導入して，剰余環の1次式によってラテン方陣とオイラー方陣を構成する方法を紹介する．剰余環とは，加法と乗法が定まっている数の体系であり，整数の割り算の考え方から定めることができる．この構成方法によって，種々の大きさの魔方陣を構成することができる．

　より多くの魔方陣を構成するために，第1章で紹介した構成法で利用した剰余環を第2章では有限体に置き換える．有限体も加法と乗法が定まっている数の体系であるが，有限体を扱うために若干の準備をする．有限体はその元の個数が素数の場合は素体と呼ばれ，剰余環によって定めることができるが，素体ではない場合には構成に工夫が必要になる．その工夫とは，素体の元を係数にもつ多項式全体を利用することである．特別な場合として元の個数が $4, 8, 9$ の

体を具体的に構成し，それを利用して魔方陣を構成する．$4, 8, 9$ は素数ではないが，$2^2, 2^3, 3^2$ であり有限体の元の個数になり得る数である．

第 3 章では，魔方陣の全体を決定する問題について考える．これは第 1 章と第 2 章の話題とは異なる．最初の節では，3 次魔方陣の全体を決定する．方陣の横と縦だけではなく，対角線と平行な部分の和も等しくなるものを完全魔方陣と呼び，4 次の場合に完全魔方陣の全体を決定する．3 次魔方陣の決定と 4 次完全魔方陣の決定は，連立 1 次方程式を解く手法を適用する．

第 4 章では，3 次以上の魔方陣が存在することを示す．第 3 章までの知識で，奇素数やその冪の次数の魔方陣が存在することはすでにわかっている．この章で導入する魔方陣の積を利用して，それ以外の次数の魔方陣も存在することを示す．

第 5 章では，代数的対象ではなく幾何学的対象であるアフィン平面を利用して魔方陣を構成する方法について解説する．体からアフィン平面を構成できるので，有限体から魔方陣を構成した方法と密接に関係している．

最後の第 6 章では，第 1 章と第 2 章で使った手法を 3 次元に広がった方陣に適用して，3 次元に広がった魔方陣，すなわち，立体魔方陣を構成する．この章は第 1 章と第 2 章に続いて読むことが可能である．剰余環や有限体を利用して立体ラテン方陣と立体オイラー方陣を構成し，さらに立体魔方陣を構成する．

本書原稿の作成時点から原稿に目を通し，多くの意見や修正案を提示していただいた井川治さんと佐々木優さんに感謝する．また，本書の編集・制作に携わっていただいた共立出版の髙橋萌子さんと吉村修司さんに感謝したい．

2024 年 5 月

田崎博之

目　　次

第 **1** 章

魔方陣

この章では，まず魔方陣の概念を紹介する．簡単に言えば，正方形の形に並んだマス目に数が入っていて，横に並んだ数の和，縦に並んだ数の和がすべて等しいものである．3×3の正方形に数を入れた魔方陣からラテン方陣の概念を抽出し，さらにオイラー方陣の概念を導入する．ラテン方陣とオイラー方陣から魔方陣が定まることを解説する．この章ではラテン方陣を構成するために剰余環を利用する．剰余環の定め方やその性質を述べた後に，剰余環の1次式からラテン方陣，オイラー方陣，さらに魔方陣を構成できることを解説する．

1.1 魔方陣

本書の主題である**魔方陣**とは，下図のように正方形の形に並んだマス目に数が入っていて，縦に並んだ三つの数の和，横に並んだ三つの数の和はすべて等しいものである．この等しい和を**定和**と呼ぶ．縦にも横にもマス目が三つ並んでいることから，より正確に言うとこれらを **3次魔方陣**と呼ぶ．

6	7	2
8	3	4
1	5	9

9	2	4
5	7	3
1	6	8

4	9	2
3	5	7
8	1	6

一番左の魔方陣について縦と横の和が等しいことを検証する．

$$6 + 7 + 2 = 8 + 3 + 4 = 1 + 5 + 9$$
$$= 6 + 8 + 1 = 7 + 3 + 5 = 2 + 4 + 9 = 15.$$

通常は対角線に並んだ三つの数の和も定和に等しいものを魔方陣と呼んでいるが，本書では縦と横に並んだ数の和がすべて等しいものを魔方陣と呼ぶことにし，対角線に並んだ三つの数の和も定和に等しい魔方陣は，区別するために**対角魔方陣**と呼ぶことにする．一番左の魔方陣の左上から右下の対角線の数の和は $6 + 3 + 9 = 18$ であり，右上から左下の対角線の数の和は $2 + 3 + 1 = 6$ で定和 15 とは異なる．他の魔方陣の縦と横の和の検証については後回しにして，二番目と三番目の関連性に注目してみよう．二番目の魔方陣の縦の列を一列右に移動させて右端の縦の列を左端に移動させると，三番目の魔方陣を得る．この三番目の魔方陣は縦と横の和だけではなく，

$$4 + 5 + 6 = 2 + 5 + 8 = 15$$

となっていて，対角線の和も等しいという性質をもつ対角魔方陣になっている．上の魔方陣のうち，左の二つの魔方陣の対角線の数の和は定和に等しくない．三番目の対角魔方陣の確認は以下のとおり．

$$4 + 9 + 2 = 3 + 5 + 7 = 8 + 1 + 6$$
$$= 4 + 3 + 8 = 9 + 5 + 1 = 2 + 7 + 6$$
$$= 4 + 5 + 6 = 2 + 5 + 8 = 15.$$

このことから，縦の列を移動させる前の二番目の方陣の縦と横の和が等しく，魔方陣になることもわかる．

　上に挙げた三つの魔方陣では，マス目の中には 1 から 9 までの整数が入っている．通常はこのような 1 から 9 までの整数を入れたものを魔方陣と呼んでいるが，本書では入れる数字は後で説明する理由により 0 から始めることにする．数が 0 から始まるようにするには上の魔方陣のすべての数から 1 を引けばよい．

5	6	1
7	2	3
0	4	8

8	1	3
4	6	2
0	5	7

3	8	1
2	4	6
7	0	5

$$(1.1)$$

すべての数から 1 を引いているので，縦に並んだ三つの数の和，横に並んだ三つの数の和はすべて 15 から 3 引いた 12 になっている．三番目の魔方陣の場合は対角線の数の和も 12 であり対角魔方陣であることに変わりはない．

　魔方陣はもちろん 3 次に限らず一般の自然数 n について n 次魔方陣を考えることができる．マス目を縦と横に同じ数だけ並べたものに名前を付けておく．数を入れるマス目を $n \times n$ の正方形の形に並べたものを **n 次方陣** と呼ぶことにしよう．たとえば，2 次方陣や 3 次方陣は以下のとおりである．

n 次方陣の一つ一つのマス目に 0 から $n^2 - 1$ までの整数をもれなく重複なく入れて，どの横の行のマス目の数の和も，どの縦の列のマス目の数の和も等しいとき，このマス目に数を入れた n 次方陣を **n 次魔方陣** と呼ぶ．この行や列の和を n 次魔方陣の **定和** と呼ぶ．本書では横に並んだものを **行** と呼び，縦に並んだものを **列** と呼ぶことにする．線形代数で扱う行列の行と列と同じ呼び方である．n 次魔方陣の対角線のマス目の数の和も等しくなるとき，この n 次魔方陣を **n 次対角魔方陣** と呼ぶことにする．さらに対角線と平行な直線にある数の和も等しくなるものを **n 次完全魔方陣** と呼ぶことにする（具体例は定理 3.2.2 参照）．対角線と平行な直線はわかりにくいかもしれないので，4 次の場合で説明しておこう．4 次方陣

a	b	c	d
e	f	g	h
i	j	k	l
m	n	o	p

の対角線 a, f, k, p と平行な直線とは，

$$b, g, l, m, \qquad c, h, i, n, \qquad d, e, j, o$$

のことである．同様に，対角線 d, g, j, m と平行な直線とは，

$$c, f, i, p, \qquad b, e, l, o, \qquad a, h, k, n$$

のことである．これらの和がすべて定和と等しい魔方陣を完全魔方陣と呼ぶわ
けである．他の次数の場合の対角線と平行な直線も同様に考え，完全魔方陣も
同様に定義される．

　魔方陣の定和は次の性質をもっている．

定理 1.1.1　　0 から $n^2 - 1$ までの数を使っている n 次魔方陣の定和 $S(n)$ は

$$S(n) = \frac{1}{2}(n-1)n(n+1)$$

となる．n が奇数または 4 の倍数のとき，$S(n)$ は偶数になる．それ以外のと
き，すなわち，n を 4 で割った余りが 2 のとき，$S(n)$ は奇数になる．　　　□

☑ **注意 1.1.2**　n 次魔方陣が存在しなければ，定理 1.1.1 の主張の意味はないが，第
4 章の定理 4.2.2 より $n \geq 3$ に対して n 次魔方陣が存在することがわかる．2 次魔方
陣が存在しないことはこの下の定理 1.1.1 の証明の後で述べる．

　一般に整数 a を 2 以上の整数 n で割った商と余りとは，

$$a = bn + r, \qquad 0 \leq r \leq n-1$$

を満たす b が商であり，r が余りである．商と余りについては 1.3 節で詳しく説明す
る．4 で割った余りが 2 の整数で 3 以上のものは，$6, 10, 14, \ldots$ である．定理 1.1.1
より，これらの次数の魔方陣の定和は奇数になる．このことは，定理 4.2.3 でこれら
の次数の完全魔方陣が存在しないことを証明するときに基本的な役割を演じる．

《定理 1.1.1 の証明》　n 次魔方陣に入っている 0 から $n^2 - 1$ までのすべての
整数の和は n 個の行の和に等しく $nS(n)$ である．したがって，定和 $S(n)$ は

$$S(n) = \frac{1}{n} \sum_{i=0}^{n^2-1} i = \frac{1}{n} \cdot \frac{1}{2}(n^2-1)n^2 = \frac{1}{2}(n-1)n(n+1)$$

となる．n が奇数のとき，$n-1$ と $n+1$ はともに偶数なので，$S(n)$ も偶数に
なることがわかる．n が 4 の倍数のとき，$\frac{n}{2}$ は偶数になるので $S(n)$ も偶数に
なる．n を 4 で割った余りが 2 のとき，n はある整数 m によって $n = 4m + 2$
と表せる．よって，

$$S(n) = \frac{1}{2}(4m+1)(4m+2)(4m+3) = (4m+1)(2m+1)(4m+3)$$

となり，$S(n)$ は奇数になる．　　　　　　　　　　　　　　　　　　■

　自然数 n が小さい場合の n 次魔方陣を改めて考えてみよう．1次魔方陣は一つのマス目に0が入っているものになる．これは和を一通りしか考えられないというか，入れる数は0だけなので，当たり前のことだが，一つのマス目に0を入れたものが1次魔方陣である．これは数が一つあるだけで和を考える意味がないので，通常は魔方陣としては扱わない．この節の最初に魔方陣の紹介として3次魔方陣の例を (1.1) に挙げたが，2次魔方陣について述べなかったのは，2次魔方陣は存在しないことがわかっているからである．次のように考えると2次魔方陣は存在しないことが簡単にわかる．存在しないことを証明するために，2次魔方陣が存在すると仮定して矛盾を導く．これは理に背くということで背理法とか「謬」すなわちあやまりに帰するということで帰謬法と呼ばれている論法である．マス目に入る数を a, b, c, d として，次のように表示してみよう．

a	b
c	d

これが2次魔方陣であると仮定すると，これの各行の和と各列の和がすべて等しいことから，$a + b = a + c$ となり，両辺から a を引くと $b = c$ が成り立つ．したがって，a, b, c, d が $0, 1, 2, 3$ に限らず互いに異なる数の場合は矛盾が起きる．このことから，2次魔方陣は存在しない．

　(1.1) に例を挙げた3次魔方陣は試行錯誤でも作れるかもしれないが，4次以上の魔方陣を試行錯誤で作ることは極めて難しい．系統的に考えようとすると，n 次方陣の一つ一つのマス目に入る数を未知数として，各行の数の和と各列の数の和がすべて等しいという魔方陣の条件を連立方程式とみなして解くことが考えられる．しかしながら，これは n^2 個の未知数をもつ $2n$ 個の連立方程式になる．解を見つける範囲は0から $n^2 - 1$ までの整数に限られているとはいえ，解くのは大変である．$n = 3$ のときは，9個の未知数の6個の連立方程式になる．$n = 4$ のときは，16個の未知数の8個の連立方程式になる．一般には未知数が n^2 個ある $2n$ 個の連立方程式なので，n が大きくなるほど連立方程式の個数に比べて未知数の個数の方が大きくなるため，解の個数が多くなることが推測できる．本書では魔方陣をすべて見つけようとするのではなく，数学の中の代数学の知識を使ったある系統的なやり方で魔方陣を構成する方法を解説する．

ただし，3次魔方陣と4次完全魔方陣については，そのすべてを明らかにする．

　その前に (1.1) に挙げた3次魔方陣の例をもう少し調べてみよう．和の計算をすれば確かに魔方陣になることは確認できるが，魔方陣の中に現れる数の配置に何か規則性はあるのだろうか．ここでは魔方陣の中に入れる数を別の方法で表記することで，規則性を探ることにしよう．3次魔方陣のマス目に入れる 0 から 8 までの数を 3 進法で表すと，$8 = 3^2 - 1$ なので 2 桁以下の 3 進法の数がすべて現れることがわかる．我々が通常使っている 10 進法の表記と 3 進法の表記を並べると次のようになる．

10 進法	0	1	2	3	4	5	6	7	8
3 進法	00	01	02	10	11	12	20	21	22

この後で 3 進法表記の 1 桁目と 2 桁目を考えるので，上の表のうちで 3 進法表記の方は 2 桁目が 0 の場合も省略しないで 0 を書いている．魔方陣に入れる数を 0 から始めると，3 次魔方陣の場合，0 から 8 の 3 進法の表記は 2 桁以下の数がすべて現れることになる．このことが魔方陣に入れる数を 0 から始める理由である．これによって (1.1) に挙げた 10 進法表記の 3 次魔方陣を 3 進法表記の魔方陣に書き直すと次のようになる．

5	6	1
7	2	3
0	4	8

$\Rightarrow$

12	20	01
21	02	10
00	11	22

この魔方陣の 3 進法表記の数の 2 桁目と 1 桁目を分けて方陣に入れると次のようになる．

12	20	01
21	02	10
00	11	22

$\Rightarrow$

1	2	0
2	0	1
0	1	2

2	0	1
1	2	0
0	1	2

この 3 進法表記の数の 2 桁目と 1 桁目を取り出してマス目に入れた方陣は重要な役割を演じるので，もとの方陣の**補助方陣**と名前を付けておく．

　上記の魔方陣の二つの補助方陣は際立った特徴をもっている．どちらも，どの行にも 0, 1, 2 がもれなく重複なくあり，どの列にも 0, 1, 2 がもれなく重複な

くある．このような条件を満たすように数を入れた方陣を**ラテン方陣**と呼ぶ．
正確には**3次ラテン方陣**である．どの行もどの列も 0, 1, 2 が一度ずつ現れるの
で，どの行の数の和もどの列の数の和もすべて 3 になる．つまり上の 3 進法で
表記した魔方陣の二つの補助方陣はどちらもラテン方陣になり，行の和と列の
和が一定の数 3 になる．

　2 桁目の和も 1 桁目の和も一定の数になることから，上の魔方陣の行の和も
列の和も一定の数になることがわかる．10 進法の表記ではこのような数の並び
方の規則性は見えてこないが，3 進法の表記ならこのような数の並び方の規則
性が見えてくる．数を 3 進法表記する人々がもしいたら，3 次魔方陣からラテ
ン方陣の数の並びに簡単に気が付いたかもしれないと想像してしまう．この補
助方陣の考え方に沿って魔方陣を構成する方法を次節以降で解説する．次の節
で，改めてラテン方陣の定義と基本的性質や構成法を紹介する．次の節に進む
前に問題を提示する．この節の内容を確認するために役立てていただければ幸
いである．今後も本書の内容を確認するためにところどころで問題を提示する
ことにする．

問題 1.1.3　上と同様に (1.1) に挙げた残り二つの 3 次魔方陣

8	1	3
4	6	2
0	5	7

3	8	1
2	4	6
7	0	5

の補助方陣がラテン方陣であるかどうか確認せよ．

問題 1.1.4　3 次ラテン方陣の定義を拡張して 4 次ラテン方陣を定義せよ．ま
た，3 次方陣の補助方陣の定義を拡張して 4 次方陣の補助方陣を定義せよ．さ
らに，次の 4 次方陣の補助方陣が 4 次ラテン方陣であるかどうか確認し，もと
の 4 次方陣が魔方陣であるかどうか確認せよ．

9	12	6	3
14	11	1	4
7	2	8	13
0	5	15	10

参考のために 10 進法表記と 4 進法表記を以下に示しておく.

10進法	0	1	2	3	4	5	6	7	8	9	10	11	12	13	14	15
4進法	00	01	02	03	10	11	12	13	20	21	22	23	30	31	32	33

　ドイツのルネサンス期の画家，版画家，数学者であるアルブレヒト・デュー
ラーが 1514 年に製作した銅版画「メランコリア I」には次の左の 4 次魔方陣が
描かれている．これが魔方陣になっていることは各自確認してみよう．この銅
版画「メランコリア I」やそこに描かれている 4 次魔方陣は，インターネット
で調べても見つけることができる．左の魔方陣のすべての数から 1 を引いたも
のが右の魔方陣である．

16	3	2	13
5	10	11	8
9	6	7	12
4	15	14	1

15	2	1	12
4	9	10	7
8	5	6	11
3	14	13	0

右の魔方陣を 4 進法表記で表し，二つの補助方陣を作ると次のようになる.

33	02	01	30
10	21	22	13
20	11	12	23
03	32	31	00

3	0	0	3
1	2	2	1
2	1	1	2
0	3	3	0

3	2	1	0
0	1	2	3
0	1	2	3
3	2	1	0

二つの補助方陣はどちらもラテン方陣にはなっていない．このように，n 次魔
方陣を n 進法表記して 2 桁目の方陣と 1 桁目の方陣に分けても，必ずしも n 次
ラテン方陣になるとは限らない．ただ，上の例の場合は二つの補助方陣の行の
和と列の和および対角線の和は等しく一定になっている．このことから対角魔
方陣であることもわかる．

1.2
ラテン方陣

　前節で 3 次の場合の補助方陣とラテン方陣を定義し，4 次の場合の補助方陣
とラテン方陣の定義は問題にしたが，改めてこの節で一般の次数の補助方陣と

ラテン方陣を定義し，その基本的性質や構成法を紹介する．

　まず一般の次数の補助方陣を定義する．n を自然数とする．n 次方陣のマス目に 0 から $n^2 - 1$ までの整数が入っているとする．このとき，マス目に入っている数を n 進法で表記する．0 から $n^2 - 1$ までの整数を n 進法で表記すると，2桁以下の数になる．これらの2桁目を n 次方陣の同じ場所に入れ，1桁目も別の n 次方陣の同じ場所に入れた結果得られる二つの n 次方陣をもとの n 次方陣の**補助方陣**と呼ぶ．たとえば，5次方陣

0	1	2	3	4
5	6	7	8	9
10	11	12	13	14
15	16	17	18	19
20	21	22	23	24

を5進法で表記すると

00	01	02	03	04
10	11	12	13	14
20	21	22	23	24
30	31	32	33	34
40	41	42	43	44

となる．これを2桁目と1桁目にわけると

0	0	0	0	0
1	1	1	1	1
2	2	2	2	2
3	3	3	3	3
4	4	4	4	4

0	1	2	3	4
0	1	2	3	4
0	1	2	3	4
0	1	2	3	4
0	1	2	3	4

となり，これらがもとの5次方陣の補助方陣である．

　次に一般の次数のラテン方陣を定義する．n を自然数とする．集合 $\mathbb{Z}_n$ を 0 から $n-1$ までの整数の集まりとして定める．たとえば，

$$\mathbb{Z}_2 = \{0, 1\}, \qquad \mathbb{Z}_3 = \{0, 1, 2\}, \qquad \mathbb{Z}_4 = \{0, 1, 2, 3\}$$

となる．$\mathbb{Z}_n$ の元を n 次方陣のすべてのマス目に入れ，どの行にも $\mathbb{Z}_n$ の元が
すべてあり，どの列にも $\mathbb{Z}_n$ の元がすべてあるとき，この n 次方陣を **n 次ラテ
ン方陣**と呼ぶ．魔方陣の場合と同様に通常は 1 から n までの整数をマス目に入
れて，上の性質をもつものを n 次ラテン方陣と呼ぶが，本書では 0 から $n-1$
までの整数をマス目に入れたものを考える．数独は 1 から 9 を 9 次方陣のマス
目に入れた 9 次ラテン方陣にさらにある付加条件を付け加えたものである．こ
の付加条件については，ここでは深入りしないことにする．現時点では $\mathbb{Z}_n$ は
0 から $n-1$ までの整数全体の集合として扱っているが，のちほど $\mathbb{Z}_n$ の元の
和と積を定義し，$\mathbb{Z}_n$ を新しい数の体系として考えることになる．

　方陣のどのマス目にどの数字を入れるかを明確に記述するために，方陣のマ
ス目の場所を行列の成分の番号付けと同じように定める．そのために，方陣の
行と列に番号を付ける．一番上の行を 0 行目と呼び，一つ下の行を 1 行目，さ
らに一つ下の行を 2 行目というふうに行に番号を付ける．列の場合は一番左の
列を 0 列目と呼び，一つ右の列を 1 列目，さらに一つ右の列を 2 列目というふ
うに列に番号を付ける．行列の成分の番号付けとほぼ同じであるが，0 から始
めるか 1 から始めるかの違いがある．

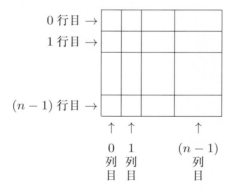

この方陣の行と列の番号を利用すると，次のように n 次ラテン方陣のある作り
方を説明できる．0 行目に $0, 1, \ldots, n-1$ を並べ，1 行目では 0 行目の数字を左
に一つずつ移動させ，左端の 0 を一番右に移動させる．2 行目では 1 行目に対
する操作と同様の操作を行う．この操作を繰り返すことにより n 次ラテン方陣
を得る．このラテン方陣を**左移動ラテン方陣**と呼ぶことにする．$n = 2, 3, 4, 5$

の場合の左移動ラテン方陣は以下のとおりである.

0	1
1	0

0	1	2
1	2	0
2	0	1

0	1	2	3
1	2	3	0
2	3	0	1
3	0	1	2

0	1	2	3	4
1	2	3	4	0
2	3	4	0	1
3	4	0	1	2
4	0	1	2	3

逆に数字を右に一つずつ移動させることによっても n 次ラテン方陣を作ることができる. このラテン方陣を**右移動ラテン方陣**と呼ぶことにする. $n = 2, 3, 4, 5$ の場合の右移動ラテン方陣は以下のとおりである.

0	1
1	0

0	1	2
2	0	1
1	2	0

0	1	2	3
3	0	1	2
2	3	0	1
1	2	3	0

0	1	2	3	4
4	0	1	2	3
3	4	0	1	2
2	3	4	0	1
1	2	3	4	0

もちろん，$n \geq 6$ の場合でも上記の左移動ラテン方陣や右移動ラテン方陣を構成できる. 移動の仕方を変えて次のようなラテン方陣を考えることもできる.

0	1	2	3	4
3	4	0	1	2
1	2	3	4	0
4	0	1	2	3
2	3	4	0	1

0	1	2	3	4
2	3	4	0	1
4	0	1	2	3
1	2	3	4	0
3	4	0	1	2

将棋の桂馬のように，右に二つずつ移動させるものと左に二つずつ移動させるものである. この場合，右に二つずつ移動させるものは左に三つずつ移動させるものとみることもできる. 同様に，左に二つずつ移動させるものは右に三つずつ移動させるものとみることもできる. これらは方陣の左の辺と右の辺を貼りあわせた円筒を想像すると（次のページの図），$0, 1, 2, 3, 4$ の数の並びが回転しているとみなせて，わかりやすいかもしれない.

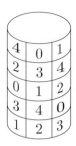 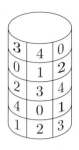

4次方陣に対して同様の操作を考えると，右に二つずつ移動させるものや右に三つずつ移動させるものは

0	1	2	3
2	3	0	1
0	1	2	3
2	3	0	1

0	1	2	3
1	2	3	0
2	3	0	1
3	0	1	2

となる．これら二つの方陣のうち左はラテン方陣にはなっていない．これはマス目の数を右に二つ移動させるという2が，方陣のサイズの4の約数になっていることが原因である．上の二つの方陣のうち右は左移動ラテン方陣にもなっている．これらはラテン方陣が整数の性質と関係していることを推測させる現象である．さらに，上記の系列以外にもラテン方陣を多数構成する方法を後の節で紹介する．これには整数の性質が重要な役割を演じる．

問題 1.2.1 左移動ラテン方陣，右移動ラテン方陣以外の7次ラテン方陣を二つ以上作成せよ．

1.3
オイラー方陣

補助方陣とラテン方陣という用語を使うと，1.1節で行ったことは次のように述べることができる．例として挙げた3次魔方陣の補助方陣のマス目の数の規則性について観察し，ラテン方陣の概念を導入した．そこからラテン方陣の性質に注目し，1.2節ではラテン方陣の定義と基本的なラテン方陣について説

明した. その節の最後に, デューラーの4次魔方陣の補助方陣はラテン方陣には
なっていないが, 行, 列および対角線の和が一定の方陣になることを示した.
この節では二つのラテン方陣から魔方陣が定まる仕組みについて説明する. そ
こで重要になるのが, この節の題名であるオイラー方陣である.

n 次方陣に数を入れたもの A の i 行目かつ j 列目を (i, j) 成分と呼び, その
数が a_{ij} であるとき, $A = (a_{ij})$ と表す.

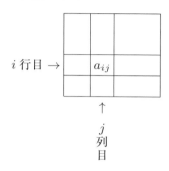

線形代数で扱う行列の成分を表示する場合とほぼ同じであるが, 0行目と0列
目から始まっていることに注意しておく. 二つの n 次ラテン方陣 $A = (a_{ij})$
と $B = (b_{ij})$ に対して, a_{ij} と b_{ij} の組 (a_{ij}, b_{ij}) のすべてが互いに異なると
き, (i, j) 成分が (a_{ij}, b_{ij}) である n 次方陣を **n 次オイラー方陣** と呼ぶ. 次の
ページの (1.3) は3次オイラー方陣の例である. このオイラー方陣の定義を正
確に把握するために, 組という用語を説明しておく. 集合 X の元 x, y に対し
て **組** (x, y) は, 数学で **順序対** とも呼ばれているものであり, (x, y) と (x', y')
は $x = x'$ かつ $y = y'$ が成り立つときに限って等しいと約束したものである.
(x, y) と (x', y') が等しくないということは, $x \neq x'$ または $y \neq y'$ が成り立つ
ことと同じことになる. X の元の組の全体を

$$X^2 = \{(x, y) \mid x, y \in X\}$$

という記号で表す. X の右肩の2は X の二つの元の組の集まりであることを
表している. この表し方を使うと, 次の命題によってオイラー方陣の定義をよ
り明確に示すことができる.

命題 1.3.1 二つの n 次ラテン方陣 $A = (a_{ij})$ と $B = (b_{ij})$ に対して, (i,j) 成分が (a_{ij}, b_{ij}) である n 次方陣がオイラー方陣になるための必要十分条件は, $\{(a_{ij}, b_{ij}) \mid i, j \in \mathbb{Z}_n\} = \mathbb{Z}_n^2$ が成り立つことである. $\qquad\square$

《証明》 (i,j) 成分が (a_{ij}, b_{ij}) である n 次方陣がオイラー方陣であるとすると, 組 (a_{ij}, b_{ij}) のすべてが互いに異なる. よって, これらの全体は n^2 個ある. $\mathbb{Z}_n^2$ の部分集合

$$\{(a_{ij}, b_{ij}) \mid i, j \in \mathbb{Z}_n\} \tag{1.2}$$

の元の個数が n^2 個あることになり, この部分集合は $\mathbb{Z}_n^2$ に一致する.

(a_{ij}, b_{ij}) が入っている n 次方陣がオイラー方陣ではないとすると, (1.2) の中のどれか二つが等しくなる. すると (1.2) の元の個数は n^2 よりも小さくなり, $\mathbb{Z}_n^2$ と等しくなることはない. 以上より, (a_{ij}, b_{ij}) が入っている n 次方陣がオイラー方陣になるための必要十分条件は, $(1.2) = \mathbb{Z}_n^2$ であることがわかり, 命題の証明が完了する. $\qquad\blacksquare$

奇数次の場合には, 1.2 節で挙げた左移動ラテン方陣と右移動ラテン方陣から, オイラー方陣を構成できることがわかる. このことは後で証明する. $n = 3$ の場合は以下のとおりであり, 次の (1.3) の左にある右移動ラテン方陣と左移動ラテン方陣から定まる右にある 3 次方陣はオイラー方陣である.

$$
\begin{array}{|c|c|c|}
\hline
0 & 1 & 2 \\\hline
2 & 0 & 1 \\\hline
1 & 2 & 0 \\\hline
\end{array}
\quad
\begin{array}{|c|c|c|}
\hline
0 & 1 & 2 \\\hline
1 & 2 & 0 \\\hline
2 & 0 & 1 \\\hline
\end{array}
\quad \Rightarrow \quad
\begin{array}{|c|c|c|}
\hline
(0,0) & (1,1) & (2,2) \\\hline
(2,1) & (0,2) & (1,0) \\\hline
(1,2) & (2,0) & (0,1) \\\hline
\end{array}
\tag{1.3}
$$

(1.3) の右にある 3 次方陣のマス目にある組 (k, l) はすべて互いに異なることが直接わかる. 同じことであるが, $\mathbb{Z}_3$ の数の組

$$(0,0), (0,1), (0,2), (1,0), (1,1), (1,2), (2,0), (2,1), (2,2)$$

のすべてが現れていることも直接みてわかる. 1.1 節では 3 次魔方陣の一つの例について, マス目の数を 3 進法表記にして 2 桁目と 1 桁目から補助方陣を作ると二つのラテン方陣になることを確認した.

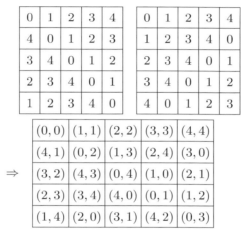

上の (1.3) の右にある 3 次オイラー方陣のマス目に入っている括弧 "( )" とカンマ "," をとると，上の 3 進法表記の 3 次魔方陣と同じものになる．

$n = 5$ の場合の右移動ラテン方陣と左移動ラテン方陣からオイラー方陣を作るのは以下のとおりである．

最後の方陣に 0 から 4 までのすべての組が現れていることを確認できる．

他方，偶数次の場合には右移動ラテン方陣と左移動ラテン方陣からオイラー方陣を構成できない．たとえば $n = 4$ の場合は次のようになり，右の 4 次方陣には $(0, 0)$ が 2 回現れるのでオイラー方陣ではない．他にもいくつかのものは 2 回現れている．他方，$(0, 1)$ や $(0, 3)$ は現れていない．

問題 1.3.2 問題 1.2.1 の解答や上の 3 次，5 次の場合を参考にして，7 次オイラー方陣を作成せよ．

n 次オイラー方陣のマス目に入っている組 (a, b) の括弧 “( )” とカンマ “,” をとって ab と並べて書き，これを n 進法で表した数とみなすと，この方陣は魔方陣になることがわかる．これを明確に把握するために，n 進法の基本事項を確認しておく．n を 2 以上の自然数とする．0 以上の整数 a に対して a を n で割ったときの商と余りを思い出しておこう．

高校生向けに著者が魔方陣の講演をしたときに，この割ったときの商と余りについて説明したことがある．これについて次のような質問を受けた．「7 を 3 で割ると 7/3 になりますが，余りって何ですか？」割ったときの商と余りは整数の中で考えるので，正しい答えは 7 を 3 で割ると商は 2 で余りは 1 である．平成 29 年 7 月の小学校学習指導要領解説には，第 3 学年のところに「除法には割り切れない場合があり，その場合には余りを出すことを指導する」と書かれている．除法とは割り算のことである．小学校 3 年生は小数や分数をまだ学んでいないので，7 は $7 = 6 + 1 = 3 \times 2 + 1$ であり 6 を 3 で割ると商は 2 であり，7 から 6 を引いた 1 が余りになると考えるが，小数や分数を学んで何年も経つ高校生は，整数の範囲内で考える割り算の商と余りは忘れてしまうこともあるのかもしれない．割り算の商と余りを考えるときは，整数の範囲内で考えることが重要である．

n を 2 以上の整数とし，整数 a を n で割った商と余りは次のように定まる．a 以下の n の倍数のうちで最大なものを bn として $r = a - bn$ とすると，

$$a = bn + r, \quad 0 \leq r \leq n - 1 \tag{1.4}$$

が成り立つ．この等式が成り立つときに，a を n で割った**商**が b で**余り**が r であるという．(1.4) を以下で証明する．

r の定め方から $a = bn + r$ が成り立つことがわかる．b の定め方より bn は a 以下であり，$(b+1)n$ は a よりも大きくなるので，$bn \leq a < (b+1)n$ が成り立つ．この不等式の各辺から bn を引くと

$$0 \leq a - bn = r < n$$

となり，$0 \leq r \leq n - 1$ が成り立つことがわかる．

a に対して (1.4) を満たす b と r が存在することはわかったが，さらにこの

ような b と r は一意的であることを示す. b_1 と r_1 も同じ条件

$$a = b_1 n + r_1, \quad 0 \leq r_1 \leq n - 1$$

を満たすとする. $bn + r = b_1 n + r_1$ なので, $(b - b_1)n = r_1 - r$ が成り立つ. $0 \leq r_1 \leq n - 1$ と $-(n-1) \leq -r \leq 0$ が成り立つことから, これらの不等式を加えると

$$-(n-1) \leq r_1 - r \leq n - 1$$

を得る. $r_1 - r = (b - b_1)n$ は n の倍数であり, $-(n-1)$ と $n-1$ の間の n の倍数は 0 のみなので, $r_1 - r = 0$ が成り立つ. つまり, $r_1 = r$ である. さらに $(b - b_1)n = 0$ が成り立ち, n は 0 ではないので, $b - b_1 = 0$ が成り立つ. よって, $b_1 = b$ である. 以上より, b_1, r_1 が b, r の満たす条件 (1.4) と同じ条件を満たすとすると $b_1 = b, r_1 = r$ が成り立つので, (1.4) の条件を満たす b, r は一意的である.

上で証明した主張を定理として次にまとめておく.

定理 1.3.3 n を 2 以上の整数とする. 整数 a に対して

$$a = bn + r, \quad 0 \leq r \leq n - 1$$

を満たす整数 b, r が一意的に存在する. □

上の定理の一意的の証明方法は, ある性質をもつものが二通りあるとするとそれらは実は一致するということを示す論法であり, よく使われる方法である.

定理 1.3.3 より, 2 以上の整数 n で整数を割ったときの商と余りを確定することができる. 等式 (1.4) の後でも述べたが, 定理 1.3.3 の状況において, a を n で割ったときの商が b で余りが r であるという. この割り算の商と余りは, 小学校で学んだ割り算の筆算を使うと具体的に求めることができる.

定理 1.3.3 による割り算の商と余りを利用して, 整数の n 進法表示の基本事項を解説する. まず, 日常生活で利用している 10 進法について考えてみよう. たとえば 1234 という数は $1000 = 10^3$ の位が 1, $100 = 10^2$ の位が 2, $10 = 10^1$ の位が 3, $1 = 10^0$ の位が 4 の数なので

$$1234 = 1 \cdot 10^3 + 2 \cdot 10^2 + 3 \cdot 10^1 + 4 \cdot 10^0$$

となっている．簡単に言うと，n 進法の表示は上の 10 の冪（10^m という形の数）を n の冪 n^m に置き換えて数を表示する方法である．

整数の n 進法表示ができることを以下で示す．定理 1.3.3 の前提と同様に n を 2 以上の整数とする．0 以上の整数 a の n 進法表示について考える．$0 \leq a \leq n-1$ のときは $a_0 = a$ とおいて，a の n 進法表示は a_0 とする．$n \leq a$ のときは，a を n で割ったときの商を $b_1 n$，余りを a_0 で表すと，

$$a = b_1 n + a_0, \quad 0 \leq a_0 \leq n-1$$

となり，$n \leq a = b_1 n + a_0$ より $1 \leq b_1$ が成り立つ．$b_1 \leq n-1$ のときは $a_1 = b_1$ とおいて，

$$a = a_1 n + a_0, \quad 0 \leq a_0 \leq n-1, 1 \leq a_1 \leq n-1$$

となり，a の n 進法表示は $a_1 a_0$ とする．$n \leq b_1$ のときは，b_1 を n で割ったときの商を $b_2 n$，余りを a_1 で表すと，

$$b_1 = b_2 n + a_1, \quad 0 \leq a_1 \leq n-1$$

となり，$n \leq b_1 = b_2 n + a_1$ より $1 \leq b_2$ が成り立つ．$b_2 \leq n-1$ のときは $a_2 = b_2$ とおいて，

$$a = a_2 n^2 + a_1 n + a_0, \quad 0 \leq a_0, a_1 \leq n-1, 1 \leq a_2 \leq n-1$$

となり，a の n 進法表示は $a_2 a_1 a_0$ とする．この操作を限りなく繰り返すことができるとすると，a は限りなく大きくなり不合理である．したがって，ある m に対して $0 \leq b_m \leq n-1$ となり，$a_m = b_m$ とすると

$$a = a_m n^m + a_{m-1} n^{m-1} + \cdots + a_1 n + a_0,$$

$$0 \leq a_0, a_1, \ldots, a_{m-1} \leq n-1, 1 \leq a_m \leq n-1$$

が成り立ち，a の n 進法表示は $a_m a_{m-1} \cdots a_1 a_0$ とする．これまでの結果を次の命題にまとめておく．命題には一意性についても言及していて，この部分は命題の後で証明する．

命題 1.3.4 n を 2 以上の自然数とする．0 以上の整数 a に対して

$$a = a_m n^m + a_{m-1} n^{m-1} + \cdots + a_1 n + a_0, \tag{1.5}$$

$$0 \leq a_0, a_1, \ldots, a_{m-1} \leq n-1, \, 1 \leq a_m \leq n-1$$

を満たす 0 以上の整数 m と $a_i \, (0 \leq i \leq m)$ が一意的に存在する． $\square$

《証明》 上記の整数 m と $a_i \, (0 \leq i \leq m)$ が存在することはすでに証明したので，ここではこれらが一意的であることを証明する．0 以上の整数 m' と $a_i' \, (0 \leq i \leq m')$ が

$$a = a_{m'}' n^{m'} + a_{m'-1}' n^{m'-1} + \cdots + a_1' n + a_0',$$

$$0 \leq a_0', a_1', \ldots, a_{m'-1}' \leq n-1, \, 1 \leq a_{m'}' \leq n-1$$

を満たすとする．すると

$$(a_m n^{m-1} + a_{m-1} n^{m-2} + \cdots + a_1)n + a_0$$
$$= (a_{m'}' n^{m'-1} + a_{m'-1}' n^{m'-2} + \cdots + a_1')n + a_0'$$

が成り立つ．定理 1.3.3 の一意性の主張より，

$$a_m n^{m-1} + a_{m-1} n^{m-2} + \cdots + a_1 = a_{m'}' n^{m'-1} + a_{m'-1}' n^{m'-2} + \cdots + a_1',$$
$$a_0 = a_0'$$

が成り立つ．上の一番目の等式より

$$(a_m n^{m-2} + a_{m-1} n^{m-3} + \cdots + a_2)n + a_1$$
$$= (a_{m'}' n^{m'-2} + a_{m'-1}' n^{m'-3} + \cdots + a_2')n + a_1'$$

が成り立つ．定理 1.3.3 の一意性の主張より，

$$a_m n^{m-2} + a_{m-1} n^{m-3} + \cdots + a_2 = a_{m'}' n^{m'-2} + a_{m'-1}' n^{m'-3} + \cdots + a_2',$$
$$a_1 = a_1'$$

が成り立つ. この議論を続けると

$$m = m', \quad a_i = a_i' \ (0 \leq i \leq m)$$

が成り立つことがわかる. すなわち, a に対して (1.5) を満たす 0 以上の整数 m と $a_i \ (0 \leq i \leq m)$ は一意的である. ∎

命題 1.3.4 の (1.5) が成り立つとき, a を $a_m \cdots a_1 a_0$ と表す方法を **n 進法** という. n 進法による表記のいくつかの例を以下に示しておく.

10 進法	0	1	2	3	4	5	6	7	8	9	10	11
2 進法	0	1	10	11	100	101	110	111	1000	1001	1010	1011
3 進法	0	1	2	10	11	12	20	21	22	100	101	102
4 進法	0	1	2	3	10	11	12	13	20	21	22	23
5 進法	0	1	2	3	4	10	11	12	13	14	20	21

n 次オイラー方陣のマス目に入っている組 (a, b) を 2 桁の n 進法の表記 ab に直すと, 結果は魔方陣になることは次のようにわかる. どの行, どの列でも 1 桁目の数は $\mathbb{Z}_n$ の各元が 1 回ずつ現れるので, 1 桁目の数の和は等しい. 2 桁目の数の和についても同様にどの行, どの列でも 2 桁目の数の和は等しい. したがって, この n 進法の表記による n 次方陣は n 次魔方陣になることがわかる.

15 ページで挙げた 5 次オイラー方陣の例から 5 次魔方陣を作ってみよう. 例に挙げた 5 次オイラー方陣から 5 進法表記による 5 次魔方陣を作ると,

00	11	22	33	44
41	02	13	24	30
32	43	04	10	21
23	34	40	01	12
14	20	31	42	03

となる. これを 10 進法表記に直す. 上の表にない 5 進法と 10 進法の対応

5 進法	22	23	24	30	31	32	33	34	40	41	42	43	44
10 進法	12	13	14	15	16	17	18	19	20	21	22	23	24

より，上の 5 進法表記の 5 次魔方陣は次の 10 進法表記の 5 次魔方陣に書き直すことができる．

00	06	12	18	24
21	02	08	14	15
17	23	04	05	11
13	19	20	01	07
09	10	16	22	03

以上の方法によって，3 以上の奇数次の魔方陣を作ることができる．しかし，上記の方法では特別な形の奇数次の魔方陣しか作ることができない．そこで，上記の左移動ラテン方陣と右移動ラテン方陣の作成方法を詳しく調べることによってその方法の拡張を次の節で考える．

1.4 ラテン方陣の作成案

ラテン方陣の節で扱った左移動ラテン方陣と右移動ラテン方陣を数式で表現することを試みる．これらのラテン方陣を数式で表現し，その数式を拡張することで左移動ラテン方陣と右移動ラテン方陣より一般的なラテン方陣を作成し，さらにそれを利用してオイラー方陣を作る方法をこれ以降の節で考える．

左移動 3 次ラテン方陣の場合に行番号と列番号を使ってマス目の数を数式で表してみよう．左移動ラテン方陣の右上から左下への対角線の左上の部分は，列番号が 1 増えるとマス目の数が 1 増え，行番号が 1 増えるとマス目の数が 1 増えるので，

0	1	2
1	2	
2		

$0+0$	$0+1$	$0+2$
$1+0$	$1+1$	
$2+0$		

となっていて，$i+j \leq 2$ のときには (i,j) 成分は $i+j$ に一致する．ところが，右上から左下への対角線の左上の部分だけではなく全体を見ると

0	1	2
1	2	0
2	0	1

$0+0$	$0+1$	$0+2$
$1+0$	$1+1$	$1+2$
$2+0$	$2+1$	$2+2$

となっていて，$3 \leq i+j$ のときには (i,j) 成分の数式 $i+j$ は 3 以上になる．そこで，数式 $i+j$ の計算結果が $0,1,2$ の範囲に収まるように工夫する．

右の方陣のマス目の数式の結果が左のラテン方陣のマス目の数と一致するためには，数式の結果を 3 で割った余りを対応させるとよいことがわかる．0 以上の整数の n 進法表記を定める 20 ページの議論を思い出そう．整数 a に対して

$$a = 3q + r, \quad 0 \leq r < 3$$

を満たす整数 q,r が一組決まる．20 ページの議論では $a \geq 0$ の場合を考えたが，上の等式を満たす整数 q,r が一組決まることは整数 a に対して成り立つ．これは a 以下の最大の 3 の倍数を $3q$ とすれば，商が q で余りは $r = a - 3q$ とすればよい．

$$1 + 2 = 3 \cdot 1 + 0 \qquad 余り 0,$$
$$2 + 1 = 3 \cdot 1 + 0 \qquad 余り 0,$$
$$2 + 2 = 3 \cdot 1 + 1 \qquad 余り 1$$

となるので，右の方陣のマス目の数式の結果を 3 で割って余りを対応させると左のラテン方陣のマス目の数に一致する．

左移動 3 次ラテン方陣の場合と同様な方法で，右移動 3 次ラテン方陣の場合に行番号と列番号を使ってマス目の数を数式で表す．右移動ラテン方陣は，列番号が 1 増えるとマス目の数が 1 増え，行番号が 1 増えるとマス目の数が 1 減るので，

0	1	2
	0	1
		0

$0-0$	$1-0$	$2-0$
	$1-1$	$2-1$
		$2-2$

となっていて，$i \leq j$ のときには (i,j) 成分は $j-i$ に一致する．ところが，左上から右下への対角線の右上の部分だけではなく全体を見ると

0	1	2
2	0	1
1	2	0

$0-0$	$1-0$	$2-0$
$0-1$	$1-1$	$2-1$
$0-2$	$1-2$	$2-2$

となっていて，$i > j$ のときには (i, j) 成分の数式 $j - i$ は負の整数になる．計算結果が $0, 1, 2$ の範囲に収まるようにするには，左移動 3 次ラテン方陣の場合と同様に数式の結果を 3 で割った余りを対応させると，右の方陣のマス目の数式の結果が左のラテン方陣のマス目の数と一致する．たとえば，次の数式の 1 行目，$0 - 1 = -1$ 以下の最大の 3 の倍数は $3 \cdot (-1)$ であり，これに 2 を加えると -1 になるので，商が -1 で余りが 2 である．

$$0 - 1 = 3 \cdot (-1) + 2 \qquad 余り 2,$$
$$0 - 2 = 3 \cdot (-1) + 1 \qquad 余り 1,$$
$$1 - 2 = 3 \cdot (-1) + 2 \qquad 余り 2$$

となるので，右の方陣のマス目の数式の結果を 3 で割って余りを対応させると左のラテン方陣のマス目の数に一致する．

　上の左移動ラテン方陣と右移動ラテン方陣の成分を数式で表示するために導入した計算方法は，$\mathbb{Z}_3 = \{0, 1, 2\}$ における新たな演算とみなせる．すなわち，$\mathbb{Z}_3$ の元の和と差は，通常の整数の計算結果を 3 で割った余りを対応させるということである．この計算方法を使うと，左移動 3 次ラテン方陣の (i, j) 成分は $i + j$ であり，右移動 3 次ラテン方陣の (i, j) 成分は $j - i$ であると言うことができる．

　上記の左移動 3 次ラテン方陣と右移動 3 次ラテン方陣の数式による表示は，3 次の場合に限らず一般の次数で成り立つ．そのとき，基本になるのが定理 1.3.3 である．$n = 3$ の場合は先に述べたことである．n で割った余りを対応させるという考え方で $\mathbb{Z}_n = \{0, 1, \dots, n - 1\}$ の元の和と差を定めることができる．すなわち，$\mathbb{Z}_n$ の和と差は，通常の計算結果を n で割った余りを対応させるということである．この計算方法を使うと，3 次の場合と同様に次の命題が成り立つことがわかる．

命題 1.4.1　 n 次方陣の行番号と列番号を $\mathbb{Z}_n$ の元とみなすと，左移動 n 次ラテン方陣の (i, j) 成分は $i + j$ であり，右移動 n 次ラテン方陣の (i, j) 成分は $j - i$ である．　　　　　　　　　　　　　　　　　　　　　　　　□

3 次の左移動ラテン方陣と右移動ラテン方陣の数式による記述はすでに行い，一般次数の左移動ラテン方陣と右移動ラテン方陣の数式による記述は命題 1.4.1 で確立した．例として，4 次の場合の左移動ラテン方陣と右移動ラテン方陣の数式による記述を示しておく．

0	1	2	3
1	2	3	0
2	3	0	1
3	0	1	2

$0+0$	$0+1$	$0+2$	$0+3$
$1+0$	$1+1$	$1+2$	$1+3$
$2+0$	$2+1$	$2+2$	$2+3$
$3+0$	$3+1$	$3+2$	$3+3$

0	1	2	3
3	0	1	2
2	3	0	1
1	2	3	0

$0-0$	$1-0$	$2-0$	$3-0$
$0-1$	$1-1$	$2-1$	$3-1$
$0-2$	$1-2$	$2-2$	$3-2$
$0-3$	$1-3$	$2-3$	$3-3$

命題 1.4.1 の左移動ラテン方陣と右移動ラテン方陣の数式による記述を利用すると，これらからオイラー方陣が定まるかどうかを明らかにする次の定理を証明できる．

定理 1.4.2　 偶数次の場合，左移動ラテン方陣と右移動ラテン方陣からオイラー方陣は定まらない．奇数次の場合，左移動ラテン方陣と右移動ラテン方陣からオイラー方陣は定まる．　　　　　　　　　　　　　　　　　　□

《証明》　方陣内の場所を表す (i, j) と $\mathbb{Z}_n^2$ の元を表す (a, b) は同じ形の記号になっているので，注意する必要がある．

偶数次のとき，次数を $n = 2m$ とする． n 次ラテン方陣のマス目に入る数は，$\mathbb{Z}_n = \{0, 1, \ldots, 2m - 1\}$ の元である．左移動ラテン方陣と右移動ラテン方陣の $(0, 0)$ 成分はそれぞれ

$$0 + 0 = 0, \qquad 0 - 0 = 0$$

となり $(0,0)$ が対応する．左移動ラテン方陣と右移動ラテン方陣の (m,m) 成分はそれぞれ

$$m + m = 2m = n = 0, \qquad m - m = 0$$

となり $(0,0)$ が対応する．左の計算の結果は n を n で割ると商が 1 で余りが 0 ということである．したがって，結果の n 次方陣の $(0,0)$ 成分は $(0,0)$ であり，(m,m) 成分も $(0,0)$ で等しくなるので，左移動ラテン方陣と右移動ラテン方陣からオイラー方陣は定まらない．

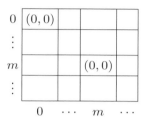

奇数次のとき，次数を $n = 2m + 1$ とする．n 次ラテン方陣のマス目に入る数は，$\mathbb{Z}_n = \{0, 1, \ldots, 2m\}$ である．左移動ラテン方陣の (i,j) 成分 $i+j$ と右移動ラテン方陣の (i,j) 成分 $j-i$ の組 $(i+j, j-i)$ を対応させる写像

$$\mathbb{Z}_n^2 \to \mathbb{Z}_n^2 \,;\, (i,j) \mapsto (i+j, j-i)$$

が $\mathbb{Z}_n^2$ の異なる元を $\mathbb{Z}_n^2$ の異なる元に対応させることを示せば十分である．このことは，命題 1.3.1 の証明中でも述べたように，どんな $a, b \in \mathbb{Z}_n$ に対しても $\mathbb{Z}_n$ における連立方程式

$$i + j = a \qquad j - i = b$$

が解 $(i,j) \in \mathbb{Z}_n \times \mathbb{Z}_n$ をもつことと同じことになる．そこで以下では上記の連立方程式が解をもつことを示す．

上の二つの等式を加えると $j + j = a + b$ を得る．もしこの等式を満たす $j \in \mathbb{Z}_n$ が存在すれば，$i = a - j$ とすることによって上の二つの等式を満たす $(i,j) \in \mathbb{Z}_n \times \mathbb{Z}_n$ が存在することがわかる．そこで，どんな $c \in \mathbb{Z}_n$ に対しても

$x + x = c$ を満たす $x \in \mathbb{Z}_n$ が存在することを以下で示す．$\mathbb{Z}_n$ の元 x に $x + x$ を対応させる対応は

x	0	$\cdots$	m	$m+1$	$\cdots$	$2m$
$x+x$	0	$\cdots$	$2m$	1	$\cdots$	$2m-1$

となりすべての元に対応している．$x = m + 1$ であり，$x + x = 1$ の部分は

$$(m + 1) + (m + 1) = (2m + 1) + 1 = n + 1$$

より，$\mathbb{Z}_n$ における等式が成り立つ．一番右の部分は $\mathbb{Z}_n$ における計算

$$2m + 2m = (2m + 1) + (2m - 1) = n + (2m - 1) = 2m - 1$$

よりわかる．上の x と $x + x$ の表において，$x = 0, \ldots, m$ に対して $x + x$ は 0 から $2m$ までの偶数が対応し，$x = m + 1, \ldots, 2m$ に対して $x + x$ は 1 から $2m - 1$ までの奇数が対応していることが推測できる．これを証明することにより，どんな $c \in \mathbb{Z}_n$ に対しても $x + x = c$ を満たす $x \in \mathbb{Z}_n$ が存在することがわかる．

　$0 \le i \le m$ とする．$x = i$ に対して $x + x = 2i$ は 0 と $2m$ の間の偶数になる．次に $x = m + i$ に対して $\mathbb{Z}_n$ において

$$x + x = 2m + 2i = (2m + 1) + (2i - 1) = n + (2i - 1) = 2i - 1$$

は 1 と $2m - 1$ の間の奇数になる．さらに，この対応

$$\mathbb{Z}_n \to \mathbb{Z}_n \; ; \; x \mapsto x + x$$

は一対一対応である．これより，どんな $c \in \mathbb{Z}_n$ に対しても $x + x = c$ を満たす $x \in \mathbb{Z}_n$ が存在する．たとえば，$n = 3, 5$ のときは

x	0	1	2
$x+x$	0	2	1

x	0	1	2	3	4
$x+x$	0	2	4	1	3

$n = 7$ のときは

x	0	1	2	3	4	5	6
$x+x$	0	2	4	6	1	3	5

以上より上記の連立方程式は解をもつことになり，左移動ラテン方陣と右移動ラテン方陣からオイラー方陣が定まることがわかる． ■

左移動ラテン方陣と右移動ラテン方陣の記述の際に $i+j$ と $j-i$ という数式を上では使ったが，これらは i,j の 1 次式の特別な形であり，i,j の係数が ± 1 のみである．より一般的な 1 次式を考えようとすると，演算が和と差だけではなく積もあるとよさそうである．$\mathbb{Z}_n = \{0,1,2,\ldots,n-1\}$ に対して，二つの数の和や差を n で割った余りを対応させることで新しい和や差を定めてラテン方陣作成に利用した．$\mathbb{Z}_n$ の元に対して新しい積を定めることでより多くのラテン方陣を作成できるようにしたい．次の節では $\mathbb{Z}_n$ に積を定める．

▌**1.5**
▌**剰余環**

前節では，ラテン方陣とオイラー方陣を構成するために，自然数 n に対して定まる数の体系

$$\mathbb{Z}_n = \{0,1,\ldots,n-1\}$$

を導入した．$\mathbb{Z}_n$ の元 a,b に対して，通常の和 $a+b$ を n で割ったときの余りを対応させることで，$\mathbb{Z}_n$ の元の和を $\mathbb{Z}_n$ の中で定めた．同様に $\mathbb{Z}_n$ の元 a,b に対して，通常の積 $a\cdot b$ を n で割ったときの余りを対応させることで，$\mathbb{Z}_n$ の元の積を定める．この和と積を定めた $\mathbb{Z}_n$ を**剰余環**という．整数の和と積が結合法則，交換法則，分配法則を満たすことから，剰余環の和と積も結合法則，交換法則，分配法則を満たすことがわかる．

剰余環の和の**単位元**は 0 である．この意味はどんな $x \in \mathbb{Z}_n$ に対しても

$$x + 0 = 0 + x = x$$

が成り立つことである．$\mathbb{Z}_n$ の元 x に対して，$x+y = y+x = 0$ を満たす $\mathbb{Z}_n$ の元 y を x の和に関する**逆元**と呼び，$-x$ で表す．x の和に関する逆元は必ず存在する．x の和に関する逆元は，通常の差を使って $n-x$ と表すことができる．たとえば，$\mathbb{Z}_4$ においては，

$$0 + 0 = 0, \quad 1 + 3 = 0, \quad 2 + 2 = 0, \quad 3 + 1 = 0$$

となるので，$\mathbb{Z}_4$ における和に関する逆元は

$$-0 = 0, \quad -1 = 3, \quad -2 = 2, \quad -3 = 1$$

である.

　剰余環の積の**単位元**は 1 である. この意味はどんな $x \in \mathbb{Z}_n$ に対しても

$$x \cdot 1 = 1 \cdot x = x$$

が成り立つことである. $\mathbb{Z}_n$ の元 x に対して $x \cdot y = y \cdot x = 1$ を満たす $\mathbb{Z}_n$ の元 y を x の積に関する**逆元**と呼び，x^{-1} で表す. x の積に関する逆元がいつでも存在するとは限らないが，x の積に関する逆元が存在すればそれは x に対してただ一つである. なぜなら，$\mathbb{Z}_n$ の元 y' も $x \cdot y' = y' \cdot x = 1$ を満たすならば，

$$y' = 1 \cdot y' = y \cdot x \cdot y' = y \cdot 1 = y$$

となり，y' は y に一致することがわかる. すなわち，x の積に関する逆元は存在するときはただ一つである. たとえば，$\mathbb{Z}_4$ においては，

$$1 \cdot 1 = 1, \quad 3 \cdot 3 = 1$$

となるので（通常の自然数の計算では $3 \cdot 3 = 9$ となり 9 を 4 で割ると商が 2 で余りが 1），$\mathbb{Z}_4$ における和に関する逆元は

$$1^{-1} = 1, \quad 3^{-1} = 3$$

である. これに対して

$$2 \cdot 1 = 2, \quad 2 \cdot 2 = 0, \quad 2 \cdot 3 = 2$$

となるので，2 の積に関する逆元は存在しない. これは 2 が 4 の約数であることに関係している. 詳しくは後で扱う.

　剰余環という数の体系は，小学校から高校までの算数・数学のカリキュラムで扱ってきた数の体系とは異なる. 物の個数を数える $1, 2, 3, \ldots$ という自然数に始まり，分数，小数，負の数，実数，複素数を小中高のカリキュラムでは扱

うことになっているが，これらはそれ以前に扱った数の体系を含む形で拡張している．これに対して剰余環 $\mathbb{Z}_n$ は，これまでの数の体系を含むものではない．整数の演算を利用しているが，整数とは異なる数の体系である．整数と同じ $0, 1, 2, \ldots$ などの記号を使っているが，整数とは異なるものであることに注意してほしい．

　具体的な n について，剰余環 $\mathbb{Z}_n$ の演算を具体的に記述してみよう．$\mathbb{Z}_2$ の和，積および和と積に関する逆元の表は次のようになる．整数の場合とは異なるものについては表の下で説明する．

+	0	1
0	0	1
1	1	0

·	0	1
0	0	0
1	0	1

x	0	1
$-x$	0	1

x	1
x^{-1}	1

和の演算表の $1+1$ は整数では 2 になるが，これを 2 で割った余りは 0 なので $\mathbb{Z}_2$ では $1+1=0$ が成り立つ．

　$\mathbb{Z}_3$ の和，積および和と積に関する逆元の表は下のようになる．整数の場合とは異なるものについては表の下で説明する．

+	0	1	2
0	0	1	2
1	1	2	0
2	2	0	1

·	0	1	2
0	0	0	0
1	0	1	2
2	0	2	1

x	0	1	2
$-x$	0	2	1

x	1	2
x^{-1}	1	2

和の演算表の $1+2$ は整数では 3 になるが，これを 3 で割った余りは 0 なので $\mathbb{Z}_3$ では $1+2=0$ が成り立つ．$2+2$ は整数では 4 になるが，これを 3 で割った余りは 1 なので $\mathbb{Z}_3$ では $2+2=1$ が成り立つ．積の演算表の $2 \cdot 2$ は整数では 4 になるが，これを 3 で割った余りは 1 なので $\mathbb{Z}_3$ では $2 \cdot 2 = 1$ が成り立つ．

　$\mathbb{Z}_4$ の場合には，4 は約数をもつので積に関する逆元はないものがある．$\mathbb{Z}_4$ の和，積および和と積に関する逆元の表は次のようになる．整数の場合とは異なるものについては表の下で説明する．

+	0	1	2	3
0	0	1	2	3
1	1	2	3	0
2	2	3	0	1
3	3	0	1	2

$\cdot$	0	1	2	3
0	0	0	0	0
1	0	1	2	3
2	0	2	0	2
3	0	3	2	1

x	0	1	2	3
$-x$	0	3	2	1

x	1	2	3
x^{-1}	1	なし	3

和の演算表の $1+3=2+2$ は整数では4になるが，これを4で割った余りは0なので $\mathbb{Z}_4$ では $1+3=2+2=0$ が成り立つ．$2+3$ は整数では5になるが，これを4で割った余りは1なので $\mathbb{Z}_4$ では $2+3=1$ が成り立つ．$3+3$ は整数では6になるが，これを4で割った余りは2なので $\mathbb{Z}_4$ では $3+3=2$ が成り立つ．積の演算表の $2\cdot2$ は整数では4になるが，これを4で割った余りは0なので $\mathbb{Z}_4$ では $2\cdot2=0$ が成り立つ．$2\cdot3$ は整数では6になるが，これを4で割った余りは2なので $\mathbb{Z}_4$ では $2\cdot3=2$ が成り立つ．$3\cdot3$ は整数では9になるが，これを4で割った余りは1なので $\mathbb{Z}_4$ では $3\cdot3=1$ が成り立つ．

$\mathbb{Z}_5$ の和，積および和と積に関する逆元の表は次のようになる．これまでと同様の計算で表の数値を求めることができる．

+	0	1	2	3	4
0	0	1	2	3	4
1	1	2	3	4	0
2	2	3	4	0	1
3	3	4	0	1	2
4	4	0	1	2	3

$\cdot$	0	1	2	3	4
0	0	0	0	0	0
1	0	1	2	3	4
2	0	2	4	1	3
3	0	3	1	4	2
4	0	4	3	2	1

x	0	1	2	3	4
$-x$	0	4	3	2	1

x	1	2	3	4
x^{-1}	1	3	2	4

もう少し続けてみよう．$\mathbb{Z}_6$ の場合には，6は約数をもつので積に関する逆元はないものがある．$\mathbb{Z}_6$ の和，積および和と積に関する逆元の表は次のようになる．$\mathbb{Z}_4$ と同様の計算で表の数値を求めることができる．

+	0	1	2	3	4	5
0	0	1	2	3	4	5
1	1	2	3	4	5	0
2	2	3	4	5	0	1
3	3	4	5	0	1	2
4	4	5	0	1	2	3
5	5	0	1	2	3	4

·	0	1	2	3	4	5
0	0	0	0	0	0	0
1	0	1	2	3	4	5
2	0	2	4	0	2	4
3	0	3	0	3	0	3
4	0	4	2	0	4	2
5	0	5	4	3	2	1

x	0	1	2	3	4	5
$-x$	0	5	4	3	2	1

x	1	2	3	4	5
x^{-1}	1	なし	なし	なし	5

$\mathbb{Z}_7$ の和, 積および和と積に関する逆元の表は次のようになる. これまでと同様の計算で表の数値を求めることができる.

+	0	1	2	3	4	5	6
0	0	1	2	3	4	5	6
1	1	2	3	4	5	6	0
2	2	3	4	5	6	0	1
3	3	4	5	6	0	1	2
4	4	5	6	0	1	2	3
5	5	6	0	1	2	3	4
6	6	0	1	2	3	4	5

·	0	1	2	3	4	5	6
0	0	0	0	0	0	0	0
1	0	1	2	3	4	5	6
2	0	2	4	6	1	3	5
3	0	3	6	2	5	1	4
4	0	4	1	5	2	6	3
5	0	5	3	1	6	4	2
6	0	6	5	4	3	2	1

x	0	1	2	3	4	5	6
$-x$	0	6	5	4	3	2	1

x	1	2	3	4	5	6
x^{-1}	1	4	5	2	3	6

問題 1.5.1 $\mathbb{Z}_5, \mathbb{Z}_6, \mathbb{Z}_7$ の和, 積および和と積に関する逆元の表を確認せよ.

問題 1.5.2 $\mathbb{Z}_8$ の和, 積および和と積に関する逆元の表を作成せよ.

和の表と和に関する逆元の表の数の配置は比較的単純である. 積の表と積に関する逆元の表の数の配置は, $n = 2, 3$ の場合は数が小さいので単純ではあるが, n が大きくなるとそれほど単純ではない. $\mathbb{Z}_2, \mathbb{Z}_3, \mathbb{Z}_5, \mathbb{Z}_7$ の場合は, 0 以外

の元同士の積は0にはならないが，$\mathbb{Z}_4$ では $2 \cdot 2 = 0$ となっていて，$\mathbb{Z}_6$ では $2 \cdot 3 = 0$ となっている．この違いは，$2, 3, 5, 7$ は素数であり，$4, 6$ は合成数であることに起因している．この違いは後で重要になる．

1.6
剰余環の1次関数からラテン方陣へ

　左移動ラテン方陣と右移動ラテン方陣は，方陣の (i, j) 成分の i, j を剰余環の元とみなして，i, j の簡単な1次式 $i + j$ と $j - i$ で成分を表現できることを 1.4 節で説明した．1.4 節では剰余環の和と逆元をとる操作から定まる差しか利用していなかったが，前節で導入した剰余環の積を利用してより一般の1次式でラテン方陣を作成できないか考えてみる．

　n 次方陣の (i, j) のマス目に入れる数を i, j の1次関数を使って定める．そのために $a, b, c \in \mathbb{Z}_n$ を定めておく．(i, j) のマス目に入れる数を

$$a \cdot i + b \cdot j + c \tag{1.6}$$

によって定める．結果がラテン方陣になる必要十分条件は，どの i 行についても列番号 j を $\mathbb{Z}_n$ 内ですべて動かしたときに (1.6) で定まる数の全体が $\mathbb{Z}_n$ に一致し，どの j 列についても行番号 i を $\mathbb{Z}_n$ 内ですべて動かしたときに (1.6) で定まる数の全体が $\mathbb{Z}_n$ に一致することである．言い換えると，どの $j_0 \in \mathbb{Z}_n$ についても

$$\{a \cdot i + b \cdot j_0 + c \mid i \in \mathbb{Z}_n\} = \mathbb{Z}_n$$

が成り立ち，かつ，どの $i_0 \in \mathbb{Z}_n$ についても

$$\{a \cdot i_0 + b \cdot j + c \mid j \in \mathbb{Z}_n\} = \mathbb{Z}_n$$

が成り立つことである．

　1.4 節でも述べたように，ラテン方陣の条件である左辺の集合の元が互いに相異なることと，この集合が右辺の $\mathbb{Z}_n$ に一致することは同値になる．この必要十分条件が満たされているかどうかを調べるために，より単純な状況で必要十分条件を考えてみよう．

　上で提起した必要十分条件を考えるときには，定数になる部分をひとかたまりにして扱っても問題ない．たとえば，$j_0 \in \mathbb{Z}_n$ について考えるときは，$b \cdot j_0 + c$ は定数なのでひとかたまりとして扱い，$i_0 \in \mathbb{Z}_n$ について考えるときは，$a \cdot i_0 + c$ は定数なのでひとかたまりとして扱う．つまり，$a, d \in \mathbb{Z}_n$ を定めたとき，

$$\{a \cdot i + d \mid i \in \mathbb{Z}_n\} = \mathbb{Z}_n \tag{1.7}$$

が成り立つための必要十分条件を考える．$\mathbb{Z}_n$ の元に $d \in \mathbb{Z}_n$ を加えるという操作は，$\mathbb{Z}_n$ の元が輪の形に並んでいると考えると，その輪を d だけ回転させる操作になる．よって (1.7) が成り立つことは

$$\{a \cdot i \mid i \in \mathbb{Z}_n\} = \mathbb{Z}_n$$

が成り立つことと同等になり，a だけの条件になる．さらにこれは，a を通常の自然数とみなしたときに，a が n と互いに素であることと同等になることが後で示す命題 1.6.2 からわかる．n が小さいときはすでに書いた剰余環の積の表から確認できる．$\mathbb{Z}_n$ の積の表において，a の列に $\mathbb{Z}_n$ の元がすべて現れることと a が n と互いに素であることが同値になること，および a の行に $\mathbb{Z}_n$ の元がすべて現れることと a が n と互いに素であることが同値になることを 29 ページから 31 ページにある $\mathbb{Z}_n$ の積の表および問題 1.5.2 の $\mathbb{Z}_8$ の積の表で確認してみよう．今までの議論をまとめると次の定理を得る．

> **定理 1.6.1** $a, b, c \in \mathbb{Z}_n$ とする．n 次方陣の (i, j) のマス目に入れる数を
>
> $$a \cdot i + b \cdot j + c$$

によって定めるとき，これがラテン方陣になるための必要十分条件は，a と b を通常の自然数とみなしたときに，a と b がともに n と互いに素になることである．　　　　　　　　　　　　　　　　　　　　　　　　□

　どんな自然数 n についても，1 は n と互いに素であり，$n-1$ も n と互いに素である．$\mathbb{Z}_n$ において $n-1$ は -1 に等しいので，どんな $c \in \mathbb{Z}_n$ についても，1 次式 $\pm i \pm j + c$ は n 次ラテン方陣を定める．命題 1.4.1 より，(i, j) のマ

ス目に入れる数を1次関数 $i+j$ によって定める方陣が左移動ラテン方陣になり，(i,j) のマス目に入れる数を1次関数 $j-i$ によって定める方陣が右移動ラテン方陣になる．$-i-j$ と $-j+i$ が定めるラテン方陣のマス目に入れる数はどちらも，列番号の増加とともに1減ることになる．

定理1.6.1の適用例を挙げるために，n が小さい場合に n と互いに素になる $n-1$ 以下の自然数を列挙する．

n	2	3	4	5	6	7	8
n と互いに素	1	1,2	1,3	1,2,3,4	1,5	1,2,3,4,5,6	1,3,5,7

$\mathbb{Z}_3$ においては $2=-1$ であり，$\mathbb{Z}_4$ においては $3=-1$ なので，これらの場合には左移動ラテン方陣と右移動ラテン方陣以外の新たなラテン方陣を定理1.6.1から定めることはできない．$\mathbb{Z}_5$ には ±1 以外に5と互いに素な元が存在するため，新たなラテン方陣を構成できる．たとえば，$2i+j$ と $2i+2j$ から定まる5次ラテン方陣は以下のとおり．

0	1	2	3	4
2	3	4	0	1
4	0	1	**2**	3
1	2	3	4	0
3	4	0	1	2

0	2	4	1	3
2	4	1	3	0
4	1	3	**0**	2
1	3	0	2	4
3	0	2	4	1

計算例をいくつか挙げておこう．$2i+j$ から定まるラテン方陣の $(2,3)$ 成分の数は $2\cdot2+3$ で通常の計算では7になり，5で割った余りを考えると2である．これが左の方陣の**太字**になっている2である．$2i+2j$ から定まるラテン方陣の $(2,3)$ 成分の数は $2\cdot2+2\cdot3$ で通常の計算では10になり，5で割った余りを考えると0である．これが右の方陣の**太字**になっている0である．

定理1.6.1の基礎になっている次の命題の証明を与える．

命題 1.6.2　n を自然数とする．$\mathbb{Z}_n$ の0以外の元 a が n と互いに素であることの必要十分条件は，次の等式が成り立つことである．

$$\{a\cdot i \mid i\in\mathbb{Z}_n\}=\mathbb{Z}_n.$$　　　　□

《証明》 $\{a \cdot i \mid i \in \mathbb{Z}_n\} = \mathbb{Z}_n$ が成り立つと仮定する. ある $i \in \mathbb{Z}_n$ が存在して $a \cdot i = 1$ が成り立つ. a, i を通常の整数とみなすと, ある整数 b が存在して $ai = bn + 1$ が成り立つ. もし, a が n と互いに素ではないとすると, ある共約数 $c \geq 2$ が存在する. ai と bn は c で割り切れるが 1 は c で割り切れないので, 等式 $ai = bn + 1$ が成り立つことと矛盾する. これより, a は n と互いに素である.

逆に a は n と互いに素であると仮定する. $\{a \cdot i \mid i \in \mathbb{Z}_n\} = \mathbb{Z}_n$ を示すためには, 写像

$$\mathbb{Z}_n \to \mathbb{Z}_n \,;\, z \mapsto a \cdot z \tag{1.8}$$

が単射になること, つまり $z_1, z_2 \in \mathbb{Z}_n$ が等しくないとき $a \cdot z_1$ と $a \cdot z_2$ も等しくないことを示せばよい. 以下ではこの対偶を証明する. $z_1, z_2 \in \mathbb{Z}_n$ が $a \cdot z_1 = a \cdot z_2$ を満たすと仮定する. これより, $a \cdot (z_1 - z_2) = 0$ となる. よって, $a(z_1 - z_2)$ は n で割り切れる. ところが, a は n と互いに素なので, $z_1 - z_2$ が n で割り切れることになる. これは $\mathbb{Z}_n$ においては $z_1 = z_2$ を意味する. したがって, 写像 (1.8) は単射になり, $\{a \cdot i \mid i \in \mathbb{Z}_n\} = \mathbb{Z}_n$ が成り立つ. ∎

系 1.6.3 n を自然数とする. $\mathbb{Z}_n$ の 0 以外の元 a が n と互いに素であることの必要十分条件は, a が積の逆元をもつことである. □

これについても $n = 2, \ldots, 8$ の場合は 29 ページから 31 ページにある $\mathbb{Z}_n$ の積の逆元の表および問題 1.5.2 の $\mathbb{Z}_8$ の積の逆元の表で確認できるが, 一般的には次のように証明できる.

《証明》 a が n と互いに素であると仮定する. 命題 1.6.2 より $\{a \cdot x \mid x \in \mathbb{Z}_n\} = \mathbb{Z}_n$ が成り立つ. $1 \in \mathbb{Z}_n$ なので, ある $x \in \mathbb{Z}_n$ が存在して $ax = 1$ が成り立つ. すなわち, a は積の逆元をもつ. 逆に a が積の逆元をもつと仮定する. a の逆元を b で表す. つまり, $ab = 1$ となる. 任意の $c \in \mathbb{Z}_n$ について $c = abc \in \{a \cdot x \mid x \in \mathbb{Z}_n\}$ となり, $\mathbb{Z}_n \subset \{a \cdot x \mid x \in \mathbb{Z}_n\}$ が成り立つ. $\{a \cdot x \mid x \in \mathbb{Z}_n\}$ は $\mathbb{Z}_n$ の部分集合なので, $\{a \cdot x \mid x \in \mathbb{Z}_n\} = \mathbb{Z}_n$ が成り立つ. したがって, 命題 1.6.2 より a は n と互いに素である. ∎

問題 1.6.4　左移動ラテン方陣，右移動ラテン方陣ではない 8 次ラテン方陣を複数作成せよ.

　もちろん 8 次以外にも左移動ラテン方陣，右移動ラテン方陣ではないラテン方陣を多くの次数で作成することができる. 次に問題になるのは，$\mathbb{Z}_n$ の二つの 1 次式から作られた二つのラテン方陣から，オイラー方陣が作成できるための条件を，二つの 1 次式の条件として記述することである. これを次の節で扱う.

▌1.7
▌剰余環の 1 次関数から魔方陣へ

　1.6 節では剰余環 $\mathbb{Z}_n$ を利用して，n 次ラテン方陣を作成した. 1.6 節の方法で作成した二つの n 次ラテン方陣から n 次オイラー方陣を作るために，$\mathbb{Z}_n$ における次の連立方程式を考える. a, b, c, d, e, f, u, v は $\mathbb{Z}_n$ の元であり，x, y は未知数である. 今まで剰余環の積は "$\cdot$" を使って表していたが，今後は省略することにする.

$$\begin{cases} ax + by + e = u \\ cx + dy + f = v \end{cases} \tag{1.9}$$

n 次方陣の (x, y) のマス目に入れる数を $ax + by + e = u$ にすることで一つの n 次ラテン方陣が定まり，n 次方陣の (x, y) のマス目に入れる数を $cx + dy + f = v$ にすることでもう一つの n 次ラテン方陣が定まるとする. そうなるための必要十分条件は，定理 1.6.1 より a, b, c, d がそれぞれ n と互いに素になることである. さらに，これら二つの n 次ラテン方陣から n 次オイラー方陣が定まるための必要十分条件は，$\mathbb{Z}_n$ の任意の元 u, v に対して連立方程式 (1.9) が $\mathbb{Z}_n$ において解 x, y をもつことである.

　そこで，連立方程式 (1.9) が解けるかどうかを考えてみよう. (1.9) を未知数のある項を左辺に，未知数のない項を右辺に分けて

$$\begin{cases} ax + by = u - e \\ cx + dy = v - f \end{cases} \tag{1.10}$$

と変形する. 第 1 行に d をかけ，第 2 行に b をかけると

$$\begin{cases} adx + bdy = d(u - e) \\ bcx + bdy = b(v - f) \end{cases}$$

となる．第 1 行から第 2 行を引いて y のある項を消去すると

$$(ad - bc)x = d(u - e) - b(v - f).$$

これより，$ad - bc$ が $\mathbb{Z}_n$ において積の逆元 $(ad - bc)^{-1}$ をもてば，

$$x = (ad - bc)^{-1}(d(u - e) - b(v - f))$$

となる．同様に (1.10) の第 1 行に c をかけ，第 2 行に a をかけ，第 2 行から第 1 行を引いて x のある項を消去すると

$$y = (ad - bc)^{-1}(a(v - f) - c(u - e))$$

を得る．

　系 1.6.3 より，$\mathbb{Z}_n$ において一つの元が積の逆元をもつことは，その元が n と互いに素になることと同等なので，$ad - bc$ が n と互いに素であることと，連立方程式 (1.9) が任意の $u, v \in \mathbb{Z}_n$ に対して解をもつことが同等になり，n 次オイラー方陣を定める二つの n 次ラテン方陣を構成できる．さらに n 次オイラー方陣から n 進法の記述の n 次魔方陣が定まる．

　結果の n 進法の記述の n 次魔方陣の対角線の成分について考えてみる．左上から右下の対角線は (i, i) で i を 0 から $n - 1$ まで動かしたものであり，そこでの $ax + by + e$ の数値は

$$ai + bi + e = (a + b)i + e$$

である．よって，$a + b$ が n と互いに素ならば，これらの値の全体は $\mathbb{Z}_n$ に一致する．この対角線と平行な直線は，対角線からの離れ方に依存して定まる整数 k によって $(i, i + k)$ の i を 0 から $n - 1$ まで動かしたものであり，そこでの $ax + by + e$ の値は

$$ai + b(i + k) + e = (a + b)i + bk + e$$

である．よって，$a + b$ が n と互いに素ならば，これらの値の全体は $\mathbb{Z}_n$ に一致する．同様に，$c + d$ が n と互いに素ならば，左上から右下の対角線での $cx + dy + f$ の値の全体は $\mathbb{Z}_n$ に一致する．この対角線と平行な直線での $cx + dy + f$ の値の全体も $\mathbb{Z}_n$ に一致する．したがって，結果の n 進法表記の n 次魔方陣の左上から右下の対角線での和およびこの対角線に平行な直線での和は定和に一致する．

右上から左下の対角線は $(i, n - 1 - i)$ の i を 0 から $n - 1$ まで動かしたものであり，そこでの $ax + by + e$ の値は

$$ai + b(n - 1 - i) + e = (a - b)i + b(n - 1) + e$$

である．よって，$a - b$ が n と互いに素ならば，これらの値の全体は $\mathbb{Z}_n$ に一致する．この対角線と平行な直線は，対角線からの離れ方に依存して定まる整数 k によって $(i, n - 1 - i + k)$ の i を 0 から $n - 1$ まで動かしたものであり，そこでの $ax + by + e$ の値は

$$ai + b(n - 1 - i + k) + e = (a - b)i + b(n - 1 + k) + e$$

である．よって，$a - b$ が n と互いに素ならば，これらの値の全体は $\mathbb{Z}_n$ に一致する．同様に，$c - d$ が n と互いに素ならば，右上から左下の対角線での $cx + dy + f$ の値の全体は $\mathbb{Z}_n$ に一致する．この対角線と平行な直線での $cx + dy + f$ の値の全体も $\mathbb{Z}_n$ に一致する．したがって，結果の n 進法表記の n 次魔方陣の右上から左下の対角線での和およびこの対角線に平行な直線での和は定和に一致する．これらより，$a \pm b, c \pm d$ が n と互いに素ならば，結果の n 進法表記の n 次魔方陣は完全魔方陣であることがわかる．

以上をまとめると次の定理を得る．

定理 1.7.1 a, b, c, d, e, f を $\mathbb{Z}_n$ の元とする．$a, b, c, d, ad - bc$ がそれぞれ n と互いに素ならば，1 次式

$$ax + by + e, \qquad cx + dy + f$$

はどちらも n 次ラテン方陣を定め，これら二つの n 次ラテン方陣は n 次オイラー方陣を定める．さらに n 次オイラー方陣から n 進法表記の n 次魔方陣が

定まる．上の条件に加えて $a \pm b, c \pm d$ が n と互いに素ならば，この n 次魔方陣は完全魔方陣である．　　　　　　　　　　　　　　　　　□

☑**注意 1.7.2**　線形代数を学んだ読者にとっては，定理 1.7.1 の $ad - bc$ は

$$\begin{bmatrix} a & b \\ c & d \end{bmatrix}$$

の行列式であり，オイラー方陣の条件は簡単に導くことができると思われる．上記の定理 1.7.1 を導く議論は，線形代数の知識を前提にしない剰余環の計算だけに基づいたものである．

　以下で定理 1.7.1 の適用例をいくつか挙げておく．

例 1.7.3　$n = 3$ のときは，3 と互いに素である $1, 2$ から a, b, c, d を選び，$ad - bc$ が 3 と互いに素になるようにすればよい．

$$a = 1, \quad b = 1, \quad c = 2, \quad d = 1, \quad e = f = 0$$

とすると，a, b, c, d および $ad - bc = -1 = 2$ はそれぞれ 3 と互いに素である．二つの 1 次式は $x + y$ と $2x + y = -x + y$ であり，これらが定めるラテン方陣は，1.6 節ですでにみたように左移動ラテン方陣と右移動ラテン方陣

0	1	2
1	2	0
2	0	1

0	1	2
2	0	1
1	2	0

を得る．これら二つの 3 次ラテン方陣から 3 次オイラー方陣，さらに 3 次魔方陣を作ることができることはすでに確認している．

　a, b, c, d をすべて 3 と互いに素である $1, 2$ から選ぶと，$a \pm b$ と $c \pm d$ のいずれかは 3 の倍数になり，3 と互いに素にはならない．よって，定理 1.7.1 を利用して 3 次完全魔方陣を作ることはできないが，次のように結果が 3 次対角魔方陣になることがある．たとえば，

$$a = 2, \quad b = 1, \quad c = 2, \quad d = 2, \quad e = 1, \quad f = 0$$

とすると, a, b, c, d および $ad - bc = 2$ はそれぞれ 3 と互いに素である. 二つの 1 次式は $2x + y + 1$ と $2x + 2y$ であり, これらが定めるラテン方陣は,

1	2	0
0	1	2
2	0	1

0	2	1
2	1	0
1	0	2

である. $0, 1, 2$ が現れていない対角線もあるが, それら対角線の数値の和は $0 + 1 + 2 = 3$ に一致しているので, 結果の魔方陣は対角魔方陣になる. これらが定めるオイラー方陣から定まる 3 進法表記の 3 次魔方陣, 10 進法表記に直した 3 次魔方陣は次のとおりである.

10	22	01
02	11	20
21	00	12

3	8	1
2	4	6
7	0	5

これは (1.1) の一番右の 3 次魔方陣と同じである.   ◁

　このように 3 次対角魔方陣は存在する. しかしながら, 3 次完全魔方陣は存在しないことを 3.1 節で証明する.

例 1.7.4　$n = 4$ のときは, 4 と互いに素になる $1, 3$ から a, b, c, d を選び, $ad - bc$ が 4 と互いに素になるように定めればよいが, a, b, c, d をどのように組み合わせても $ad - bc$ は奇数の積の差になり偶数になるので, 4 と互いに素になるように定めることはできない. したがって, $n = 4$ の場合には剰余環 $\mathbb{Z}_4$ の 1 次式を利用する方法で 4 次オイラー方陣を作ることはできない.　◁

例 1.7.5　$n = 5$ のときは, 5 と互いに素になる $1, 2, 3, 4$ から a, b, c, d を選び, $ad - bc$ が 5 と互いに素になるようにすればよい. さらに完全魔方陣の条件である $a \pm b$ と $c \pm d$ が 5 と互いに素になるようにする. たとえば,

$$a = 2, \quad b = 1, \quad c = 1, \quad d = 2, \quad e = f = 0$$

とすると, a, b, c, d および $ad - bc = 3$ はそれぞれ 5 と互いに素である. $a \pm b = 3, 1$ と $c \pm d = 3, 4$ も 5 と互いに素である. 二つの 1 次式は $2x + y$ と

$x + 2y$ であり，これらが定める二つの 5 次ラテン方陣

0	1	2	3	4
2	3	4	0	1
4	0	1	2	3
1	2	**3**	4	0
3	4	0	1	2

0	2	4	1	3
1	3	0	2	4
2	4	1	3	0
3	0	**2**	4	1
4	1	3	0	2

を得る．上のラテン方陣を作成するための計算の例を示しておく．$2x + y$ が定めるラテン方陣の $(3, 2)$ の数値は，$2 \cdot 3 + 2 = 8$ を 5 で割った余りの 3 である．$x + 2y$ が定めるラテン方陣の $(3, 2)$ の数値は，$3 + 2 \cdot 2 = 7$ を 5 で割った余りの 2 である．これらが定めるオイラー方陣から定まる 5 進法表記の 5 次完全魔方陣，10 進法表記に直した 5 次完全魔方陣は次のとおりである．

00	12	24	31	43
21	33	40	02	14
42	04	11	23	30
13	20	32	44	01
34	41	03	10	22

0	7	14	16	23
11	18	20	2	9
22	4	6	13	15
8	10	17	24	1
19	21	3	5	12

他の組合せでも 5 次魔方陣や 5 次完全魔方陣を構成できる． ◁

例 1.7.6 $n = 6$ のときは，6 と互いに素になる 1, 5 から a, b, c, d を選び，$ad - bc$ が 6 と互いに素になるように定めればよいが，どのように組み合わせても $ad - bc$ は奇数同士の積の差になり偶数になるので，6 と互いに素になるように定めることはできない．したがって，$n = 6$ の場合には剰余環の 1 次式を利用する方法で 6 次オイラー方陣を作ることはできない． ◁

例 1.7.7 $n = 7$ のときは，7 と互いに素になる 1, 2, 3, 4, 5, 6 から a, b, c, d を選び，$ad - bc$ が 7 と互いに素になるようにすればよい．さらに $a \pm b$ と $c \pm d$ が 7 と互いに素になるようにすれば，7 次完全魔方陣を構成できる． ◁

すでに具体的な例で示したが，一般に n が素数のときは $\mathbb{Z}_n$ の 0 以外の元はすべて n と互いに素になる．したがって，n が素数のときは多くの n 次ラテン

方陣さらに n 次オイラー方陣を作ることができる．他方，n が合成数のときは左移動ラテン方陣，右移動ラテン方陣ではない n 次ラテン方陣があまりないことがある．

問題 1.7.8　上に挙げた例以外の 5 次魔方陣を作成せよ．

問題 1.7.9　n が偶数の合成数のとき，定理 1.7.1 を n に適用して n 次魔方陣を構成できないことを示せ．

n が奇数の合成数のとき，定理 1.7.1 を n に適用して n 次魔方陣を構成できるかどうか考えてみよう．

n が 3 を素因数にもつ場合とそうではない場合に分けて考える．まず，n が 3 を素因数にもつ場合を考える．a, b, c, d を n と互いに素になるように選ぶと，3 とも互いに素になり a, b, c, d を 3 で割った余りは 1 または 2 になる．$ad - bc$ が n と互いに素になるためには，n に応じていくつかの選び方があるが，たとえば，

$$a = 2, \quad b = c = d = 1, \quad e = f = 0$$

とすると，$ad - bc = 1$ となり，$ad - bc$ は n と互いに素になる．定理 1.7.1 を適用すると，n 次魔方陣を構成できる．a, b, c, d を 3 で割った余りは 1 または 2 なので，$a \pm b$ と $c \pm d$ のいずれかは 3 の倍数になり，n と互いに素にはならない．よって，完全魔方陣を構成するために定理 1.7.1 を利用できない．

次に n が 3 を素因数にもたない場合を考える．このとき，n の素因数は 5 以上である．a, b, c, d を $1, 2, 3, 4$ から選ぶと，a, b, c, d は n と互いに素になる．$ad - bc$ が n と互いに素になるためには，n に応じていくつかの選び方があるが，たとえば，

$$a = 3, \quad b = 1, \quad c = 2, \quad d = 1, \quad e = f = 0$$

とすると，$ad - bc = 1$ となり，$ad - bc$ は n と互いに素になる．さらに，$a \pm b = 4, 2$ と $c \pm d = 3, 1$ も n と互いに素になる．したがって，定理 1.7.1 を適用でき，結果の n 次方陣は n 次完全魔方陣になる．以上の考察から次の命題を得る．

命題 1.7.10 3 を素因数にもたない奇数 n に対して，n 次完全魔方陣は存在する．　　□

奇数次の場合に対角魔方陣になるための条件を与える次の定理を示す．

定理 1.7.11 a, b, c, d, e, f を $\mathbb{Z}_n$ の元とする．$a, b, c, d, ad - bc$ がそれぞれ n と互いに素ならば，1 次式

$$ax + by + e, \qquad cx + dy + f$$

は n 次ラテン方陣，および n 次オイラー方陣を定め，さらに n 進法表記の n 次魔方陣が定まることは定理 1.7.1 で示したとおりである．上の条件に加えて n が奇数 $2m + 1$ であり，方陣の中心である (m, m) での二つの 1 次式の値が m ならば，この n 次魔方陣は対角魔方陣である．　　□

この定理の証明のために，奇数 $n = 2m + 1$ に対して $g, h \in \mathbb{Z}_n$ が定める $\mathbb{Z}_n$ の 1 次式 $x \mapsto gx + h$ が m に m を対応させるという条件を満たすとき，ある種の対称性があることを示す次の補題を準備しておく．

補題 1.7.12 $n = 2m + 1$ とし，g, h は $\mathbb{Z}_n$ の元であり，$gm + h = m$ を満たすとする．このとき，$i = 0, 1, \ldots, m - 1$ について

$$0 \leq \alpha_i \leq n - 1, \qquad 0 \leq \beta_i \leq n - 1$$

を満たす α_i, β_i によって $g(m - i) + h, g(m + i) + h \in \mathbb{Z}_n$ を

$$g(m - i) + h = \alpha_i, \qquad g(m + i) + h = \beta_i$$

と表すと，$\mathbb{Z}$ において $\alpha_i + \beta_i = 2m$ が成り立つ．　　□

《証明》 仮定の $gm + h = m$ より，

$$\alpha_i = g(m - i) + h = (gm + h) - gi = m - gi,$$
$$\beta_i = g(m + i) + h = (gm + h) + gi = m + gi$$

が成り立つ. これらの和に1を加えると $\mathbb{Z}_n$ において

$$\alpha_i + \beta_i + 1 = 2m + 1 = n$$

となり, $\mathbb{Z}$ における $\alpha_i + \beta_i + 1$ は n の倍数になる. α_i, β_i の満たす不等式より

$$1 \le \alpha_i + \beta_i + 1 \le 2(n-1) + 1 = 2n - 1$$

となるので, $\alpha_i + \beta_i + 1 = n$ が成り立つ. したがって, $\alpha_i + \beta_i = n - 1 = 2m$ を得る. ∎

《定理 1.7.11 の証明》 定理 1.7.1 より, 問題の方陣が魔方陣であることはすでにわかっているので, 対角線の和が定和に等しいをことを示せばよい.

方陣の左上から右下への対角線は (x, x) $(x = 0, 1, \ldots, 2m)$ である. これら (x, x) におけるマス目での1次式 $ax + by + e$ の値は $ax + bx + e = (a+b)x + e$ である. さらに仮定より $(a+b)m + e = m$ が成り立つ. よって, 補題 1.7.12 を適用でき, $g = a + b, h = e$ とおくと, $i = 0, 1, \ldots, m-1$ について

$$0 \le \alpha_i \le n - 1, \qquad 0 \le \beta_i \le n - 1$$

を満たす α_i, β_i によって $(a+b)(m-i) + e, (a+b)(m+i) + e \in \mathbb{Z}_n$ を

$$(a+b)(m-i) + e = \alpha_i, \qquad (a+b)(m+i) + e = \beta_i$$

と表すと, $\mathbb{Z}$ において $\alpha_i + \beta_i = 2m$ が成り立つ. 以上より, 左上から右下への対角線のマス目の $ax + by + e$ の値の和は

$$\sum_{i=1}^{m} (\alpha_i + \beta_i) + m = \sum_{i=1}^{m} 2m + m = m(2m+1)$$

になる. 同様に左上から右下への対角線のマス目の $cx + dy + f$ の値の和も $m(2m+1)$ になる. これらは対角線のマス目の値の n 進法表記の1桁目と2桁目の和になるので, この対角線のマス目の値の和は

$$m(2m+1) + m(2m+1)n = m(2m+1) + m(2m+1)^2 = 2m(m+1)(2m+1)$$

となり，定理 1.1.1 よりこの n 次魔方陣の定和に一致する．

方陣の右上から左下への対角線は $(x, 2m-x)$ $(x = 0, 1, \ldots, 2m)$ である．これら $(x, 2m-x)$ におけるマス目での 1 次式 $ax+by+e$ の値は $ax+b(2m-x)+e = (a-b)x + 2bm + e$ である．さらに仮定より $(a-b)m + 2bm + e = m$ が成り立つ．よって，補題 1.7.12 を適用でき $g = a-b, h = 2bm+e$ とおくと，$i = 0, 1, \ldots, m-1$ について

$$0 \le \gamma_i \le n-1, \qquad 0 \le \delta_i \le n-1$$

を満たす γ_i, δ_i によって $(a-b)(m-i)+2bm+e, (a-b)(m+i)+2bm+e \in \mathbb{Z}_n$ を

$$(a-b)(m-i) + 2bm + e = \gamma_i, \qquad (a-b)(m+i) + 2bm + e = \delta_i$$

と表すと，$\mathbb{Z}$ において $\gamma_i + \delta_i = 2m$ が成り立つ．以上より，右上から左下への対角線のマス目の $ax + by + e$ の値の和は

$$\sum_{i=1}^{m}(\gamma_i + \delta_i) + m = \sum_{i=1}^{m} 2m + m = m(2m+1)$$

になる．同様に右上から左下への対角線のマス目の $cx + dy + f$ の値の和も $m(2m+1)$ になる．これらは対角線のマス目の値の n 進法表記の 1 桁目と 2 桁目の和になるので，この対角線のマス目の値の和は，左上から右下への対角線の場合と同様に $2m(m+1)(2m+1)$ となり，定理 1.1.1 よりこの n 次魔方陣の定和に一致する．

以上により，問題の魔方陣が対角魔方陣であることがわかる．   ■

系 1.7.13   任意の奇数 n に対して，n 次対角魔方陣は存在する．   □

《証明》 定理 1.7.11 において，$a = 2, b = c = d = 1$ とすると $ad - bc = 1$ となり，これは n と互いに素である．したがって，$\mathbb{Z}_n$ の 1 次式

$$2x + y + e, \qquad x + y + f$$

は n 次オイラー方陣を定め，n 進法表記の n 次魔方陣が定まる．n は奇数なの

で，$n = 2m + 1$ とおく．さらに，$e = 1, f = m + 1$ とすると，$\mathbb{Z}_n$ において
$x = y = m$ のとき

$$2x + y + e = 2m + m + 1 = m,$$

$$x + y + f = m + m + m + 1 = m$$

が成り立つ．方陣の中心である (m, m) の二つの 1 次式の値がどちらも m になり，定理 1.7.11 よりこの n 次魔方陣は対角魔方陣である．したがって，n 次対角魔方陣は存在する． ■

第 2 章

有限体

第 1 章で剰余環を利用して魔方陣を構成した．この章では剰余環を有限体に置き換えて同様な手法で魔方陣を構成する．そのために，有限体の定義とその基本的性質を解説する．有限体の導入ができれば，後はおおむね剰余環と同様な手法で有限体の 1 次式から魔方陣を構成できる．

2.1
有限体

1.7 節では，剰余環 $\mathbb{Z}_4$ の 1 次式を利用する方法で，4 次オイラー方陣を作ることができないことを確認した．この節では剰余環とは別な数の体系である有限体を導入する．さらに次の節では有限体を使って，剰余環の場合と同様な方法で 1 次式からラテン方陣，さらにオイラー方陣を作る．有限体の 1 次式から4 次オイラー方陣を作れることも示す．

剰余環では和と積が定まっていて，和の単位元 0 と積の単位元 1 が存在し，結合法則，交換法則，分配法則が成り立っている．剰余環の 0 以外の元が必ずしも積の逆元をもつとは限らないことが，1 次式からオイラー方陣を作るときの障害になっている．そこで，剰余環の条件に加えて 0 以外の元が積の逆元をもつ数の体系を導入して，これを利用してオイラー方陣を作成しようというのがこの後の話のねらいである．0 以外の元が積の逆元をもつ数の体系として体を次のように定義する．

定義 2.1.1 加法 ＋ と乗法 · という二種類の演算が定義された集合 F が次の条件を満たすとき，F を**体**という．元の個数が有限の体を**有限体**という．

(1) 加法の結合法則が成り立つ．すなわち

$$(a + b) + c = a + (b + c) \quad (a, b, c \in F).$$

(2) 加法の単位元 $0 \in F$ が存在する．すなわち

$$a + 0 = 0 + a = a \quad (a \in F).$$

(3) 加法の逆元が存在する．すなわち，任意の $a \in F$ に対してある $b \in F$ が存在して $a + b = b + a = 0$ が成り立つ．

(4) 加法は可換である．すなわち

$$a + b = b + a \quad (a, b \in F).$$

(5) 乗法の結合法則が成り立つ．すなわち

$$(a \cdot b) \cdot c = a \cdot (b \cdot c) \quad (a, b, c \in F).$$

(6) 乗法の単位元 $1 \in F$ が存在する．すなわち

$$a \cdot 1 = 1 \cdot a = a \quad (a \in F).$$

(7) 0 以外の元には乗法の逆元が存在する．すなわち，0 ではない任意の $a \in F$ に対してある $b \in F$ が存在して $a \cdot b = b \cdot a = 1$ が成り立つ．

(8) 乗法は可換である．すなわち

$$a \cdot b = b \cdot a \quad (a, b \in F).$$

(9) 加法と乗法の分配法則が成り立つ．すなわち

$$a \cdot (b + c) = a \cdot b + a \cdot c \quad (a, b, c \in F). \qquad \square$$

☑ **注意 2.1.2** (3) における a の加法の逆元 b は a に対して一意的に定まることがわかる．これを $-a$ で表す．(7) における a の乗法の逆元 b は a に対して一意的に定まることがわかる．これを a^{-1} で表す．すなわち，$a \in F$ に対して

$$a + (-a) = -a + a, \quad a \cdot a^{-1} = a^{-1} \cdot a = 1 \quad (a \neq 0).$$

例 2.1.3　有理数の全体 $\mathbb{Q}$，実数の全体 $\mathbb{R}$ と複素数の全体 $\mathbb{C}$ は通常の加法と乗法に関して体になる．これらは，それぞれ有理数体，実数体，複素数体と呼ばれている．　　　　　　　　　　　　　　　　　　　　　　　　　　　　　　　◁

例 2.1.4　体の定義（定義 2.1.1）より，体には加法の単位元 0 と乗法の単位元 1 は必ず存在する．この二つの元 $0, 1$ だけからなる体は剰余環 $\mathbb{Z}_2 = \{0, 1\}$ にほかならない．加法と乗法は 1.5 節で示した次の表で定まっている．

+	0	1
0	0	1
1	1	0

·	0	1
0	0	0
1	0	1

この体を $\mathbb{F}_2$ で表す．さらに，一般の素数 p に対する剰余環 $\mathbb{Z}_p$ は系 1.6.3 より体になることがわかる．この体を $\mathbb{F}_p$ で表す．　　　　　　　　　　　　　◁

定義 2.1.5　二つの体 F, F' の間の全単射 $f : F \to F'$ が

$$f(x + y) = f(x) + f(y), \quad f(xy) = f(x)f(y) \qquad (x, y \in F)$$

を満たすとき，f を体の**同型写像**と呼び，F と F' は**同型**であるという．　　□

次の定理に現れる素数の冪とは，素数の自然数乗のことである．たとえば，$2^3 = 8$ や $3^2 = 9$ などは素数の冪である．

定理 2.1.6　有限体の元の個数は，素数の冪になる．すなわち，素数 p と自然数 n によって p^n と表せる．逆に素数 p と自然数 n に対して，元の個数が p^n である体は同型を除いて一意的に存在する．　　　　　　　　　　　　　　□

本書ではこの定理の証明は与えない．証明を知りたい読者には体論を扱っている書籍を勧める．この節と次の節でいくつかの場合に有限体を具体的に構成する．元の個数が q の体は同型を除いて一意的に定まるので，$\mathbb{F}_q$ と書くことにする．元の個数が素数の体を**素体**と呼ぶ．

　素数 p に対して素体 $\mathbb{F}_p$ は剰余環 $\mathbb{Z}_p$ にほかならないが，元の個数が一般の素数の冪である有限体を構成するには工夫が必要になる．ここでは，環の剰余環として体を構成する．そこで，環とその剰余環についてまとめておく．すでに扱った剰余環 $\mathbb{Z}_n$ はその特別な場合である．

定義 2.1.7   加法 + と乗法 · という二種類の演算が定義された集合 R が定義 2.1.1 の (7) 以外の条件を満たすとき，R を**環**という.   □

通常は環の定義において積の可換性は含めないので，上の定義は可換環の定義であるが，本書では可換環しか扱わないので，単に環と呼ぶことにする.

体の場合と同様に環の同型を次のように定義できる.

定義 2.1.8   二つの環 R, R' の間の全単射 $f : R \to R'$ が

$$f(x + y) = f(x) + f(y), \quad f(xy) = f(x)f(y) \qquad (x, y \in R)$$

を満たすとき，f を環の**同型写像**と呼び，R と R' は**同型**であるという.   □

例 2.1.9   整数の全体 $\mathbb{Z}$ は通常の加法と乗法に関して環になる. ± 1 以外の $\mathbb{Z}$ の元は乗法に関する逆元をもたないので，$\mathbb{Z}$ は体ではない.   ◁

定義 2.1.10   環 R の部分集合 S が次の条件を満たすとき，S を R の**部分環**という.

(1) 加法に関して閉じている. すなわち，$s, t \in S$ ならば $s + t \in S$ が成り立つ.

(2) R の加法の単位元 0 を S は含む.

(3) 加法の逆元が存在する. すなわち，任意の $a \in S$ に対してある $b \in S$ が存在して $a + b = b + a = 0$ が成り立つ.

(4) 乗法に関して閉じている. すなわち，$s, t \in S$ ならば $st \in S$ が成り立つ.

(5) R の乗法の単位元 1 を S が含む.

このとき，R の演算をそのまま S の演算とみなすと S は環になる. R の部分集合 S が上の (5) 以外の条件を満たし，さらに

$$s \in S, r \in R \Rightarrow sr \in S$$

を満たすとき，S を R の**イデアル**という.   □

例 2.1.11   有理数の全体 $\mathbb{Q}$ は体なので，環でもある. $\mathbb{Z}$ は $\mathbb{Q}$ の部分集合であり，定義 2.1.10 の条件 (1) から (5) を満たすので，$\mathbb{Q}$ の部分環であることがわ

かる．有理数と整数の積は必ずしも整数にはならないので，$\mathbb{Z}$ は $\mathbb{Q}$ のイデアルではない．より一般に体は自分自身と $\{0\}$ 以外のイデアルをもたないことを命題 2.1.16 で示す． ◁

問題 2.1.12　環 R の元 x に対して $xR = \{xr \mid r \in R\}$ は R のイデアルになることを証明せよ．

問題 2.1.13　整数全体の環 $\mathbb{Z}$ の部分環をすべて求めよ．

問題 2.1.14　実数全体 $\mathbb{R}$ の部分集合 S を

$$S = \{a + b\sqrt{2} \mid a, b \in \mathbb{Z}\}$$

によって定める．S は $\mathbb{R}$ の部分環であることを示せ．（$\mathbb{R}$ は体なので，特に環でもあり部分環を考えることができる．）

例 2.1.15　問題 2.1.12 で扱ったように，非負整数 n に対して

$$n\mathbb{Z} = \{nz \mid z \in \mathbb{Z}\}$$

は $\mathbb{Z}$ のイデアルになる．逆に $\mathbb{Z}$ のイデアルはこの形に限られることが以下のようにわかる．I を $\mathbb{Z}$ のイデアルとする．I が正の元をもたなければ，加法の逆元が存在するという条件から I は負の元ももたない．したがって，$I = \{0\} = 0\mathbb{Z}$ である．I が正の元をもつときは，I の正の元の最小元を n とする．$n = 1$ ならばどんな自然数 m についても 1 を m 回たすことにより $m \in I$ がわかる．加法の逆元が存在するという条件から $-m \in I$ もわかり，$I = \mathbb{Z} = 1\mathbb{Z}$ となる．$n \geq 2$ の場合を考える．任意の $i \in I$ について i を n で割ったときの商を x とし余りを y とすると，i は次のように記述できる．

$$i = nx + y \quad (0 \leq y < n).$$

I はイデアルであり $i, n \in I$ より，$y = i - nx \in I$ である．n の最小性より $y > 0$ となることはない．よって $y = 0$ となり，$i = nx \in n\mathbb{Z}$ を得る．したがって，$I \subset n\mathbb{Z}$ である．$n \in I$ であり，I はイデアルなので，$n\mathbb{Z} \subset I$ が成り立ち，$I = n\mathbb{Z}$ を得る． ◁

命題 2.1.16　環 R が体であるための必要十分条件は，R が $\{0\}$ と R 以外の
イデアルをもたないことである．　　　　　　　　　　　　　　　　　　□

《証明》　R が体であるとする．I を R のイデアルとし $\{0\}$ ではないとすると，
I の 0 ではない元 a が存在する．R は体だから $a^{-1} \in R$ が存在する．I は R
のイデアルなので，$a \in I$ かつ $a^{-1} \in R$ より $1 = aa^{-1} \in I$ が成り立つ．再
び I がイデアルであることを使うと，任意の $x \in R$ について $x = x1 \in I$ とな
り，$R = I$ を得る．よって，R が $\{0\}$ と R 以外のイデアルをもたないことが
わかる．

　逆に，R が $\{0\}$ と R 以外のイデアルをもたないと仮定する．R の 0 ではな
い任意の元 a に対して

$$Ra = \{ra \mid r \in R\}$$

は R のイデアルになる（問題 2.1.12 参照）．Ra は 0 ではない元 a を含むので，
$Ra \neq \{0\}$ が成り立つ．つまり，Ra は R の $\{0\}$ ではないイデアルになるので，
仮定より $Ra = R \ni 1$ となり，ある $x \in R$ が存在して $xa = 1$ となる．すなわ
ち，a は積の逆元をもつ．したがって，R は体である．　　　　　　　■

定義 2.1.17　R を環とし，I を R のイデアルとする．R の二つの元 r, r' に
対して $r - r' \in I$ のときに

$$r \equiv r' \,(\mathrm{mod}\, I)$$

と表し，二つの元の間の I に関する合同関係を定める．すると，この合同関係
は同値関係になる．さらに，R の加法と乗法はこの同値類の全体に加法と乗法
を誘導し，同値類の全体は環になる．この同値類全体のなす環を R/I で表し，
R の I による**剰余環**と呼ぶ．この同値類を**剰余類**という．　　　　　　□

《証明》　上の剰余環の定義にあるいくつかの主張を証明しておく．まず，イデ
アル I が定める合同関係が同値関係になることを示す．任意の $r \in R$ に対して
$r - r = 0 \in I$ なので，$r \equiv r \,(\mathrm{mod}\, I)$ が成り立つ．よって，合同関係は対称律を
満たす．次に $r \equiv r' \,(\mathrm{mod}\, I)$ ならば，$r - r' \in I$ であり，$r' - r = -(r - r') \in I$
となる．よって，$r' \equiv r \,(\mathrm{mod}\, I)$ が成り立つ．よって，合同関係は反射律を満た

す. 最後に $r \equiv r' \pmod{I}$ かつ $r' \equiv r'' \pmod{I}$ が成り立つならば, $r - r' \in I$ かつ $r' - r'' \in I$ であり, $r - r'' = (r - r') + (r' - r'') \in I$ となる. よって, $r \equiv r'' \pmod{I}$ が成り立つ. よって, 合同関係は推移律を満たす. 以上で, I に関する合同関係は同値関係であることがわかった.

$r \in R$ が代表する同値類, すなわち剰余類を $[r]$ で表す.

$$[r_1] + [r_2] = [r_1 + r_2] \quad (r_1, r_2 \in R)$$

によって剰余類の加法を定める. この加法の定義が well-defined[1)]であること を確かめる. $[r_1] = [r_1']$ と $[r_2] = [r_2']$ が成り立つとき, $r_1 - r_1', r_2 - r_2' \in I$ と なり, I がイデアルであることから,

$$(r_1 + r_2) - (r_1' + r_2') = (r_1 - r_1') + (r_2 - r_2') \in I$$

が成り立つ. よって, $[r_1 + r_2] = [r_1' + r_2']$ を得る. これより, 剰余類の加法は well-defined である.

次に

$$[r_1][r_2] = [r_1 r_2] \quad (r_1, r_2 \in R)$$

によって剰余類の乗法を定める. この乗法の定義が well-defined であることを 確かめる. $[r_1] = [r_1']$ と $[r_2] = [r_2']$ が成り立つとき, $r_1 - r_1', r_2 - r_2' \in I$ とな り, I がイデアルであることから,

$$r_1 r_2 - r_1' r_2' = r_1 r_2 - r_1 r_2' + r_1 r_2' - r_1' r_2' = r_1(r_2 - r_2') + (r_1 - r_1')r_2' \in I$$

が成り立つ. よって, $[r_1 r_2] = [r_1' r_2']$ を得る. これより, 剰余類の乗法は well-defined である. 剰余類の全体 R/I に定めた加法と乗法が環の条件を満たすこ とは, R の加法と乗法が環の条件を満たすことからわかる. ■

☑ **注意 2.1.18** 自然数 n に対して $n\mathbb{Z}$ は $\mathbb{Z}$ のイデアルになり, 剰余環 $\mathbb{Z}/n\mathbb{Z}$ を考え ることができる. 対応 $\mathbb{Z}/n\mathbb{Z} \to \mathbb{Z}_n$; $[i] \mapsto i$ は環の同型写像になり, $\mathbb{Z}/n\mathbb{Z}$ は $\mathbb{Z}_n$ と 同型である. そこで, 今後は両者を区別しないで扱うことにする.

[1)] 結果が代表元のとり方に依存せず, 定義が適切であること.

定義 2.1.19   環のイデアルが包含関係に関して極大であるとき，**極大イデアル**と呼ぶ．環 R のイデアル I が極大イデアルであるとは，$I \subset J \subset R$ となるイデアル J が I と R 以外にはないことである．   □

命題 2.1.20   環 R のイデアル I について，剰余環 R/I が体であるための必要十分条件は，I が R の極大イデアルになることである．   □

《証明》   命題 2.1.16 より，剰余環 R/I が $\{0\}$ と R/I 以外のイデアルをもつことと，R が $I \subset J \subset R$ を満たす I と R 以外のイデアル J をもつことが同値になることを示せばよい．

　R が $I \subset J \subset R$ を満たす I と R 以外のイデアル J をもつとき，J/I は $\{0\}$ と R/I に一致しないので，J/I が R/I のイデアルになることを示せばよい．J/I の元は $j \in J$ によって $[j]$ と表せ，R/I の元は $r \in R$ によって $[r]$ と表せる．$[j][r] = [jr]$ であり，J は R のイデアルなので $jr \in J$ が成り立つ．したがって，$[j][r] \in J/I$ となる．J/I が他の条件を満たすことはすぐにわかるので，J/I は R/I のイデアルになる．

　逆に K を R/I の $\{0\}$ と R/I 以外のイデアルとする．

$$J = \{r \in R \mid [r] \in K\}$$

とおくと，J は $I \subset J \subset R$ を満たす I と R 以外の R のイデアルになる．   ■

命題 2.1.21   整数環 $\mathbb{Z}$ のイデアルは例 2.1.15 より非負整数 n によって $n\mathbb{Z}$ と表せる．非負整数 m, n に対して以下が成り立つ．

(1) $m\mathbb{Z} = n\mathbb{Z} \Leftrightarrow m = n$

(2) $m\mathbb{Z} \subset n\mathbb{Z} \Leftrightarrow n$ は m を割り切る

(3) $n\mathbb{Z}$ は極大イデアル $\Leftrightarrow n$ は素数   □

《証明》   (2) を示せば (1) はすぐにわかるので，最初に (2) を示す．

　(2) $m\mathbb{Z} \subset n\mathbb{Z}$ ならば，$m \in n\mathbb{Z}$ となり，ある $x \in \mathbb{Z}$ が存在して $m = nx$ が成り立つ．したがって，n は m を割り切る．逆に n が m を割り切るならば，ある $x \in \mathbb{Z}$ が存在して $m = nx$ が成り立つ．$m\mathbb{Z}$ の任意の元は $y \in \mathbb{Z}$ によって my と表され，$my = nxy \in n\mathbb{Z}$ が成り立つ．したがって，$m\mathbb{Z} \subset n\mathbb{Z}$ である．

(1) $m\mathbb{Z}_m = \mathbb{Z}_n$ は $m\mathbb{Z}_m \subset n\mathbb{Z}$ かつ $m\mathbb{Z}_m \supset n\mathbb{Z}$ と同値である．さらにこれは，n は m を割り切りかつ m は n を割り切ることと同値である．これは，m と n が非負整数なので，$m = n$ と同値である．

(3) 対偶を証明する．n が素数ではないとする．n が 0 または 1 ならば，$n\mathbb{Z}$ は極大イデアルではない．$n > 1$ ならば，整数 $n_1, n_2 > 1$ によって $n = n_1 n_2$ と分解する．(2) より $n\mathbb{Z} \subset n_1\mathbb{Z} \subset \mathbb{Z}$ となり，これらは一致しない．問題 2.1.12 の結果より $n_1\mathbb{Z}$ は $\mathbb{Z}$ のイデアルになり，$n\mathbb{Z}$ は極大イデアルではない．逆に $n\mathbb{Z}$ は極大イデアルではないとする．定義より，$n\mathbb{Z}$ と $\mathbb{Z}$ 以外のイデアル J であって，$n\mathbb{Z} \subset J \subset \mathbb{Z}$ を満たすものが存在する．例 2.1.15 より非負整数 m によって $J = m\mathbb{Z}$ と表せる．つまり $n\mathbb{Z} \subset m\mathbb{Z}$ となり，(2) より m は n を割り切る．さらに m は 1 でも n でもない．もし $m = 1$ なら $J = 1\mathbb{Z} = \mathbb{Z}$ となり矛盾する．もし $m = n$ なら $J = n\mathbb{Z}$ となり矛盾する．したがって，n は素数ではない． ∎

問題 2.1.22 自然数 a, b の最大公約数を c とし，最小公倍数を d とすると，次の等式が成り立つことを示せ．

$$a\mathbb{Z} + b\mathbb{Z} = c\mathbb{Z}, \qquad a\mathbb{Z} \cap b\mathbb{Z} = d\mathbb{Z}.$$

ただし，$a\mathbb{Z} + b\mathbb{Z} = \{x + y \mid x \in a\mathbb{Z}, y \in b\mathbb{Z}\}$ である．

次の系はすでにわかっていることではあるが，上で示したことから証明することもできる．

系 2.1.23 素数 p に対して剰余環 $\mathbb{Z}/p\mathbb{Z}$ は体になる．したがって，$\mathbb{F}_p = \mathbb{Z}/p\mathbb{Z}$ である． □

《証明》 命題 2.1.20 と命題 2.1.21 の (3) からわかる． ∎

$\mathbb{F}_2$ についてはすでに扱ったので，次に元の個数が少ない $\mathbb{F}_3$ について考える．

例 2.1.24 $\mathbb{F}_3 = \mathbb{Z}/3\mathbb{Z}$ より，加法と乗法の演算表は次の表のように定まる．

+	0	1	2
0	0	1	2
1	1	2	0
2	2	0	1

·	0	1	2
0	0	0	0
1	0	1	2
2	0	2	1

◁

$\mathbb{F}_4$ は元の個数が素数の冪 2^2 なので，すぐには扱えない．$\mathbb{F}_4$ は後で詳しく扱う．次に元の個数が少ない $\mathbb{F}_5$ について考える．

例 2.1.25　$\mathbb{F}_5 = \mathbb{Z}/5\mathbb{Z}$ より，加法と乗法は次の表のように定まる．

+	0	1	2	3	4
0	0	1	2	3	4
1	1	2	3	4	0
2	2	3	4	0	1
3	3	4	0	1	2
4	4	0	1	2	3

·	0	1	2	3	4
0	0	0	0	0	0
1	0	1	2	3	4
2	0	2	4	1	3
3	0	3	1	4	2
4	0	4	3	2	1

◁

元の個数が素数の体は $\mathbb{Z}$ の剰余環として構成できる．次の節では多項式環を導入して，元の個数が素数ではない体も構成する．

2.2
多項式環の剰余体

この節では元の個数が素数の冪の体を構成するために，多項式環を導入しその剰余環を考える．

定義 2.2.1　F を体とする．x を変数とし F の元を係数とする**多項式**

$$f(x) = a_0 x^n + a_1 x^{n-1} + \cdots + a_{n-1} x + a_n \quad (a_i \in F)$$

の全体を $F[x]$ で表す．$F[x]$ の元の加法と乗法を通常の多項式の場合と同様に定義すれば，$F[x]$ は環になる．F の加法の単位元 0 は $F[x]$ の加法の単位元にもなり，F の乗法の単位元 1 は $F[x]$ の乗法の単位元にもなる．この環の構造

をもつ $F[x]$ を F 上の**多項式環**と呼ぶ．上記の多項式 $f(x)$ の係数が $a_0 \neq 0$ を満たすとき，n を $f(x)$ の**次数**といい，$\deg f(x)$ または簡単に $\deg f$ と書く．$F[x]$ の元としての 0 の次数は上の定め方では確定しないので，$-\infty$ と定める．F は自然に $F[x]$ に含まれ，部分環になる．$F[x]$ において F の元を**定数**と呼ぶ．言い方を換えれば，次数が 0 または $-\infty$ の $F[x]$ の元を定数ということもできる．次数が n の多項式を **n 次多項式**ともいう．　　□

通常の多項式の次数と同様に以下が成り立つ．

$$\deg(f(x)g(x)) = \deg f(x) + \deg g(x)$$
$$\deg(f(x) + g(x)) \leq \max\{\deg f(x), \deg g(x)\}$$

ここで，非負整数 n に対して $n + (-\infty) = -\infty$，$-\infty < n$ と約束しておく．これは 0 をどんな多項式にかけても 0 になるので，多項式の積の次数がそれぞれの多項式の次数の和になるという等式が 0 の場合も含めて成り立つための約束事である．

定義 2.2.2　正の次数の多項式 $f(x) \in F[x]$ に対して，

$$f(x) = g(x)h(x) \quad (\deg g(x) > 0, \deg h(x) > 0)$$

を満たす二つの多項式 $g(x), h(x) \in F[x]$ が存在するとき，$f(x)$ は**可約**であるといい，可約ではないとき**既約**であるという．条件の $\deg g(x) > 0, \deg h(x) > 0$ は，$g(x)$ と $h(x)$ は定数ではないということである．　　□

例 2.2.3　1 次多項式は任意の体上の多項式環において既約である．$x^2 + 1$ は実数体上の多項式環 $\mathbb{R}[x]$ において既約であるが，複素数体上の多項式環 $\mathbb{C}[x]$ においては $x^2 + 1 = (x + i)(x - i)$ となり可約である．　　◁

例 2.2.4　複素数体上の多項式環 $\mathbb{C}[x]$ においては，既約多項式は 1 次多項式のみである．これは，複素数を係数にする代数方程式の解は複素数体内に解をもつという Gauss の定理より，正の次数をもつ $f(x) \in \mathbb{C}[x]$ は $\mathbb{C}[x]$ の 1 次多項式の積に分解することからわかる．　　◁

☑ **注意 2.2.5**   一般に与えられた多項式が既約であるかどうか判定するのは難しい.
有限体上の多項式ならば定まった次数の多項式は有限個なので, n 次多項式が既約で
あるかどうか判定するためには, 次数の和が n になる多項式の積をすべて計算すれば
よい.

定理 2.2.6   体 F 上の多項式環 $F[x]$ のイデアル I が極大イデアルになるた
めの必要十分条件は, ある既約多項式 $f(x)$ が存在して $I = f(x)F[x]$ となるこ
とである.   □

この定理をみとめて話を先に進めることにする.

系 2.2.7   体 F 上の多項式環 $F[x]$ の元 $f(x)$ に対して, 剰余環 $F[x]/f(x)F[x]$
が体になるための必要十分条件は, $f(x)$ が既約多項式になることである.   □

《証明》   命題 2.1.20 より, 剰余環 $F[x]/f(x)F[x]$ が体になるための必要十分
条件は, $f(x)F[x]$ が $F[x]$ の極大イデアルになることである. さらに定理 2.2.6
より, イデアル $f(x)F[x]$ が多項式環 $F[x]$ の極大イデアルになるための必要十
分条件は, $f(x)$ が $F[x]$ の既約多項式になることである.   ■

　上の系より, 体 F 上の多項式環 $F[x]$ の既約多項式を見つけることが, 体を
構成するために重要であることがわかる.

問題 2.2.8   体 F 上の1次多項式 $f(x)$ に対して, $f(x)F[x]$ は $F[x]$ の極大イ
デアルになり, 剰余環 $F[x]/f(x)F[x]$ は F と同型であることを証明せよ.

　問題 2.2.8 より, 1次式から定まる極大イデアルによる剰余環では, 新たな
体を構成することはできない. 次の定理は既約多項式を見つける方法を与えて
いる. 定理を述べる前に言葉を準備しておく. 体 F 上の多項式 $f(x)$ が多項式
$g(x)$ を割るとは, F 上のある多項式 $h(x)$ が存在して $f(x)h(x) = g(x)$ が成り
立つことである.

定理 2.2.9   素数 p と自然数 n に対して, $\mathbb{F}_p[x]$ において $x^{p^n} - x$ を割る n
次既約多項式 $f(x)$ が存在して, 有限体 $\mathbb{F}_{p^n}$ は $\mathbb{F}_p[x]/f(x)\mathbb{F}_p[x]$ に同型であ
る.   □

この定理をみとめて話を先に進めることにする.

上記の二つの定理の証明は省略したが, 具体的な例において結果の剰余環が体になることを直接確かめることは可能である. 素数 p と自然数 n に対して上記の定理の既約多項式 $f(x)$ を見つけて, 有限体 $\mathbb{F}_{p^n}$ を構成する. この有限体を利用して p^n 次ラテン方陣やオイラー方陣, さらに魔方陣を作成する方法を考える.

2.3
有限体の 1 次関数から魔方陣へ

1.6 節の「剰余環の 1 次関数からラテン方陣へ」と 1.7 節の「剰余環の 1 次関数から魔方陣へ」では, 整数環の剰余環の 1 次関数からラテン方陣とオイラー方陣を作成した. この方法では, 整数環の剰余環の元の個数が有限であることと整数環の剰余環に和と積の演算があることを利用している. 有限体も元の個数は有限であり, 和と積の演算があるので, 1.6 節と 1.7 節の方法を有限体に適用することが可能である.

命題 2.3.1   体 F の元 a, b に対して, 以下の条件は同値である.

(1) $a \neq 0$.

(2) $F = \{ax \mid x \in F\}$.

(3) $F = \{ax + b \mid x \in F\}$.   □

《**証明**》 (1) $\Rightarrow$ (2) a は積の逆元 a^{-1} をもち, 写像 $L_a : F \to F$; $x \mapsto ax$ は逆写像 $F_{a^{-1}}$ をもつ. したがって, L_a は全単射になり, $F = \{ax \mid x \in F\}$ が成り立つ.

(2) $\Rightarrow$ (3) 写像 $P_b : F \to F$; $x \mapsto x + b$ は逆写像 P_{-b} をもつ. したがって, P_b は全単射になり, $\{ax + b \mid x \in F\} = \{ax \mid x \in F\} = F$ が成り立つ.

(3) $\Rightarrow$ (1) 対偶を示す. $a = 0$ とすると, $\{ax + b \mid x \in F\} = \{b\} \neq F$ が成り立つ. ■

命題 2.3.2   体 F の元 a, b, c, d, e, f に対して, 写像

$$F \times F \to F \times F \; ; \; (x, y) \mapsto (ax + by + e, cx + dy + f)$$

が全単射になるための必要十分条件は，$ad - bc \neq 0$ である． □

《証明》 定理 1.7.1 と同様に証明できるが，改めて証明しておく．$u, v \in F$ を
とり，x, y を未知数とする F での連立1次方程式

$$\begin{cases} ax + by + e = u \\ cx + dy + f = v \end{cases} \tag{2.1}$$

について考える．問題の写像が全単射になるための必要十分条件は，連立方程
式 (2.1) が任意の $u, v \in F$ に対して F において一意的な解 x, y をもつことで
ある．(2.1) を未知数のある項を左辺に，未知数のない項を右辺に分けて

$$\begin{cases} ax + by = u - e \\ cx + dy = v - f \end{cases} \tag{2.2}$$

と変形する．第1行に d をかけ，第2行に b をかけると

$$\begin{cases} adx + bdy = d(u - e) \\ bcx + bdy = b(v - f) \end{cases}$$

となる．第1行から第2行を引いて y のある項を消去すると

$$(ad - bc)x = d(u - e) - b(v - f).$$

これより，$ad - bc$ が 0 でなければ積の逆元 $(ad - bc)^{-1}$ をもち，

$$x = (ad - bc)^{-1}(d(u - e) - b(v - f)) \tag{2.3}$$

となる．同様に (2.2) の第1行に c をかけ，第2行に a をかけ第2行から第1
行を引いて x のある項を消去すると

$$y = (ad - bc)^{-1}(a(v - f) - c(u - e)) \tag{2.4}$$

を得る．以上より，u, v に対して (2.3), (2.4) によって x, y を対応させる写像
が問題の写像の逆写像であることがわかる．したがって，問題の写像は全単射
である．∎

　有限体を使ってラテン方陣やオイラー方陣を定めるために，これらの定義を少し一般化することを考える．10 ページで定義した n 次ラテン方陣は，$\mathbb{Z}_n$ の元を n 次方陣のマス目に入れて，どの行にも $\mathbb{Z}_n$ の元がすべてあり，どの列にも $\mathbb{Z}_n$ の元がすべてあるものである．n 次ラテン方陣の定義だけ見ると，$\mathbb{Z}_n$ を使う必然性はなく，元の個数が n 個の有限集合ならなんでもよい．そこで，元の個数が n 個の集合 S を考え，S の元を n 次方陣のマス目に入れて，どの行にも S の元がすべてあり，どの列にも S の元がすべてあるものも **n 次ラテン方陣**と呼ぶことにする．たとえば，$S = \{a, b, c, d, e\}$ のとき，

a	b	c	d	e
b	c	d	e	a
c	d	e	a	b
d	e	a	b	c
e	a	b	c	d

は 5 次ラテン方陣である．

　13 ページで定義した n 次オイラー方陣は，$\mathbb{Z}_n$ の元を成分にもつ二つの n 次ラテン方陣 $A = (a_{ij})$ と $B = (b_{ij})$ に対して，a_{ij} と b_{ij} の組 (a_{ij}, b_{ij}) のすべてが互いに異なるとき，(i, j) のマス目に (a_{ij}, b_{ij}) が入っている n 次方陣である．これもラテン方陣の場合と同様に $\mathbb{Z}_n$ を使う必然性はなく，元の個数が n 個の有限集合ならなんでもよい．ラテン方陣の場合と同様に元の個数が n 個の集合 S を考え，S の元を成分にもつ二つの n 次ラテン方陣 $A = (a_{ij})$ と $B = (b_{ij})$ に対して，a_{ij} と b_{ij} の組 (a_{ij}, b_{ij}) のすべてが互いに異なるとき，(i, j) のマス目に (a_{ij}, b_{ij}) が入っている n 次方陣も **n 次オイラー方陣**と呼ぶことにする．上と同様に $S = \{a, b, c, d, e\}$ のとき，

a, a	b, b	c, c	d, d	e, e
b, e	c, a	d, b	e, c	a, d
c, d	d, e	e, a	a, b	b, c
d, c	e, d	a, e	b, a	c, b
e, b	a, c	b, d	c, e	d, a

は 5 次オイラー方陣である. ただし,（ ）は省略した.

　このようにラテン方陣とオイラー方陣は, 有限集合に対して考えることがで きる. と言っても一般的な有限集合を考えるわけではなく, 有限集合として有 限体を考え, 有限体の 1 次式を使ってラテン方陣を定めるわけである. そのた めに, 元の個数が n の有限体 F に対してその元に番号を付け, $f_0, f_1, \ldots, f_{n-1}$ とする. 10 ページで定めた方陣の行と列の番号と同様に,

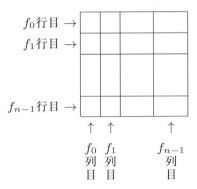

によって, 体 F の元の並べ方 $f_0, f_1, \ldots, f_{n-1}$ に応じて定まる方陣の行と列に 名前を定める. $\mathbb{Z}_n$ の場合と同様に方陣の f_i 行目 f_j 列目の成分を (f_i, f_j) 成分 と呼ぶことにする.

　上記のように定めた有限体 F から定まる方陣の成分の名前の付け方を使っ て, ラテン方陣, オイラー方陣を F の 1 次式から構成する. 命題 2.3.1 から次 の系を得る.

系 2.3.3　体 F の元 a, b, c に対して, $|F|$ 次方陣の (x, y) 成分を $ax + by + c$ によって定めるとき, この方陣がラテン方陣になるための必要十分条件は, $a \neq 0$ かつ $b \neq 0$ が成り立つことである.　　　　　　　　　　　□

《証明》　各 $x \in F$ に対して方陣の x 列の (x, y) 成分は $ax + by + c$ になる. $y \in F$ を動かしたときに $ax + by + c$ が F の全体になるための必要十分条件 は, 命題 2.3.1 より $b \neq 0$ が成り立つことである. 各 $y \in F$ に対して方陣の y 行の (x, y) 成分は $ax + by + c$ になる. $x \in F$ を動かしたときに $ax + by + c$ が F の全体になるための必要十分条件は, 命題 2.3.1 より $a \neq 0$ が成り立つこと

である. したがって, 問題の方陣がラテン方陣になるための必要十分条件は, $a \neq 0$ かつ $b \neq 0$ が成り立つことである. ■

命題 2.3.2 から次の系を得る.

系 2.3.4   体 F の元 a, b, c, d, e, f に対して, $|F|$ 次方陣の (x, y) 成分を $(ax + by + e, cx + dy + f)$ によって定めるとき, この方陣がオイラー方陣になるための必要十分条件は, $a \neq 0, b \neq 0, c \neq 0, d \neq 0$ かつ $ad - bc \neq 0$ が成り立つことである. □

《**証明**》 系 2.3.3 より, (x, y) 成分が $ax + by + e$ である方陣がラテン方陣であるための必要十分条件は $a \neq 0$ かつ $b \neq 0$ である. 同様に (x, y) 成分が $cx + dy + f$ である方陣がラテン方陣であるための必要十分条件は $c \neq 0$ かつ $d \neq 0$ である. さらに, 命題 2.3.2 より問題の方陣がオイラー方陣であるための必要十分条件は, $ad - bc \neq 0$ が成り立つことである. ■

ラテン方陣とオイラー方陣の定義は, 成分の組合せに関する条件からなるので, 成分は有限集合の元とその組でも意味をもつ. しかし, 魔方陣の場合は成分の和を考えるため, 成分を整数に置き換える. 有限体 F の元の全体 $f_0, f_1, \ldots, f_{n-1}$ に $0, 1, \ldots, |F| - 1$ を対応させる. 上の結果より, $a \neq 0, b \neq 0$ ならば $|F|$ 次方陣の (x, y) 成分を $ax + by + e$ にすると, これはラテン方陣になる. さらに, $a \neq 0, b \neq 0, c \neq 0, d \neq 0$ かつ $ad - bc \neq 0$ ならば $(ax + by + e, cx + dy + f)$ からオイラー方陣が定まる. このオイラー方陣の各成分を対応する整数の組に置き換えると, 整数の組を成分にもつオイラー方陣が定まる. すると, 1.3 節で示したように, $|F|$ 進法表記を利用して魔方陣を構成できる. 次節以降で具体的な有限体 F に対して上記の手法で魔方陣を構成する.

2.4 $\mathbb{F}_4$ の 1 次関数から魔方陣へ

2.3 節の手法を $\mathbb{F}_4$ に適用し, $\mathbb{F}_4$ の 1 次関数からラテン方陣, オイラー方陣, さらに 4 次魔方陣を作成する. $\mathbb{F}_4$ は定理 2.2.9 の $p = 2, n = 2$ の場合に対応する. $\mathbb{F}_2[x]$ の多項式 $x^{p^n} - x = x^4 - x$ を割る既約多項式を見つけるために,

$x^4 - x$ を $\mathbb{F}_2[x]$ において因数分解する.

$$x^4 - x = x(x^3 - 1) = x(x - 1)(x^2 + x + 1).$$

x と $x - 1$ は 1 次式なので問題 2.2.8 より,$\mathbb{F}_2[x]/x\mathbb{F}_2[x]$ と $\mathbb{F}_2[x]/(x - 1)\mathbb{F}_2[x]$ はともに $\mathbb{F}_2$ と同型であり,$\mathbb{F}_4$ にはならない.

$x^2 + x + 1 \in \mathbb{F}_2[x]$ が既約多項式であることを示す.$\mathbb{F}_2[x]$ の 1 次式のすべては $x, x + 1$ である.$\mathbb{F}_2$ においては $-1 = 1$ なので,$x + 1 = x - 1$ であることに注意しておく.結果が 2 次になる $x, x + 1$ の積のすべての組合せは,

$$x \cdot x = x^2, \quad x \cdot (x + 1) = x^2 + x, \quad (x + 1) \cdot (x + 1) = x^2 + 1$$

である.これらが可約 2 次多項式の全体になり,$x^2 + x + 1$ はこれらのどれにも一致しないので,$x^2 + x + 1$ は $\mathbb{F}_2[x]$ の既約多項式である.

$$\mathbb{F}_2[x]/(x^2 + x + 1)\mathbb{F}_2[x] = \{[0], [1], [x], [x + 1]\}$$

が成り立つ.これは $\mathbb{F}_2[x]$ の任意の元を $x^2 + x + 1$ で割ると,余りが次数 1 以下の多項式,つまり $0, 1, x, x + 1$ のいずれかに一致し,$\mathbb{F}_2[x]/(x^2 + x + 1)\mathbb{F}_2[x]$ はこれらの剰余類 $[0], [1], [x], [x + 1]$ の全体になるということである.そこで

$$\mathbb{F}_4 = \{[0], [1], [x], [x + 1]\}$$

と書くことにする.加法と乗法の演算表は下の表のように定まる.加法の演算表を作るためには,同じものを 2 個たす部分を 0 に置き換えればよい.それに対して乗法の演算表を作るためには,多項式の積が 2 次以上になるときに $x^2 + x + 1$ で割った余りを求めることになり,計算が必要になる.必要な計算を乗法の演算表の後に書いておく.

$+$	$[0]$	$[1]$	$[x]$	$[x + 1]$
$[0]$	$[0]$	$[1]$	$[x]$	$[x + 1]$
$[1]$	$[1]$	$[0]$	$[x + 1]$	$[x]$
$[x]$	$[x]$	$[x + 1]$	$[0]$	$[1]$
$[x + 1]$	$[x + 1]$	$[x]$	$[1]$	$[0]$

·	[0]	[1]	[x]	[x + 1]
[0]	[0]	[0]	[0]	[0]
[1]	[0]	[1]	[x]	[x + 1]
[x]	[0]	[x]	[x + 1]	[1]
[x + 1]	[0]	[x + 1]	[1]	[x]

積が 2 次以上の多項式になる場合の計算は以下のとおりである.

$$[x] \cdot [x] = [x^2] = [(x^2 + x + 1) + x + 1] = [x + 1],$$

$$[x] \cdot [x + 1] = [x^2 + x] = [(x^2 + x + 1) + 1] = [1],$$

$$[x + 1] \cdot [x + 1] = [x^2 + 1] = [(x^2 + x + 1) + x] = [x].$$

乗法の表の [0] 以外の各行各列に [1] があることから乗法の逆元の存在を直接確かめることもできる. これにより, この剰余環が改めて体であることを確認できる. 記述を簡単にするために

$$[0] = 0, \quad [1] = 1, \quad [x] = \alpha, \quad [x + 1] = \beta$$

と書くことにすると, $\mathbb{F}_4$ の和と積の演算表は次のようになる.

+	0	1	α	β
0	0	1	α	β
1	1	0	β	α
α	α	β	0	1
β	β	α	1	0

·	0	1	α	β
0	0	0	0	0
1	0	1	α	β
α	0	α	β	1
β	0	β	1	α

同じ元を加えると 0 になるので, $\mathbb{F}_4$ のどの元 a についても $-a = a$ であることに注意しておく.

問題 2.4.1 $\mathbb{F}_4$ における次の未知数 z に関する 1 次方程式の解を求めよ.

$$(1) \ \alpha z + \beta = 1, \qquad (2) \ \beta z + 1 = \beta.$$

$\mathbb{F}_4$ の場合, 行や列において $0, 1, \alpha, \beta$ の順序で並べることにする. $x + y$ に

対応するラテン方陣は

0	1	α	β
1	0	β	α
α	β	0	1
β	α	1	0

$0, 1, \alpha, \beta$ を $0, 1, 2, 3$ に置き換えると

0	1	2	3
1	0	3	2
2	3	0	1
3	2	1	0

(2.5)

となり，1.4 節で作ったものとは異なるラテン方陣を作れる．次に $x + \alpha y$ に対応するラテン方陣は

0	α	β	1
1	β	α	0
α	0	1	β
β	1	0	α

$0, 1, \alpha, \beta$ を $0, 1, 2, 3$ に置き換えると

0	2	3	1
1	3	2	0
2	0	1	3
3	1	0	2

(2.6)

上記の二つのラテン方陣 (2.5) と (2.6) は

$$\begin{cases} x + y \\ x + \alpha y \end{cases}$$

から定まっていて，係数の行列の行列式は $\alpha - 1 = \alpha + 1 = \beta \neq 0$ なので，これらから定まる二つのラテン方陣はオイラー方陣を定め，それから定まる 4 進

法および 10 進法による魔方陣は次のようになる.

0,0	1,2	2,3	3,1
1,1	0,3	3,2	2,0
2,2	3,0	0,1	1,3
3,3	2,1	1,0	0,2

00	12	23	31
11	03	32	20
22	30	01	13
33	21	10	02

0	6	11	13
5	3	14	8
10	12	1	7
15	9	4	2

$x + \alpha y$ に対応するラテン方陣は, ラテン方陣の定義である縦と横にもれなく重複なく $0, 1, \alpha, \beta$ が現れるということだけではなく, 対角線にももれなく重複なく $0, 1, \alpha, \beta$ が現れる. $x + \beta y$ も同様な性質をもつことが次のようにわかる. $x + \beta y$ に対応するラテン方陣は

0	β	1	α
1	α	0	β
α	1	β	0
β	0	α	1

$0, 1, \alpha, \beta$ を $0, 1, 2, 3$ に置き換えると

0	3	1	2
1	2	0	3
2	1	3	0
3	0	2	1

(2.7)

上記の二番目のラテン方陣 (2.6) と三番目のラテン方陣 (2.7) は

$$\begin{cases} x + \alpha y \\ x + \beta y \end{cases}$$

から定まっていて, 係数の行列式は $\beta - \alpha = \beta + \alpha = 1$ なので, これらから定まる二つのラテン方陣はオイラー方陣を定め, それから定まる 4 進法および 10 進法による魔方陣は次のようになる.

0,0	2,3	3,1	1,2
1,1	3,2	2,0	0,3
2,2	0,1	1,3	3,0
3,3	1,0	0,2	2,1

00	23	31	12
11	32	20	03
22	01	13	30
33	10	02	21

0	11	13	6
5	14	8	3
10	1	7	12
15	4	2	9

$$(2.8)$$

構成に使った二つのラテン方陣はどちらも，対角線にも $0, 1, \alpha, \beta$ がもれなく重複なく現れるので，結果の魔方陣は対角線の和も等しくなる．

$\mathbb{F}_4$ の元の並べ方 $0, 1, \alpha, \beta$ について考えてみよう．元の剰余類で表すと $[0], [1], [x], [x+1]$ である．$[x+1]$ から各元を引くと逆順になる．つまり，$\mathbb{F}_4$ の元 i と $[x+1] - i$ の表は

i	$[0]$	$[1]$	$[x]$	$[x+1]$
$[x+1] - i$	$[x+1]$	$[x]$	$[1]$	$[0]$

となる．これを $0, 1, \alpha, \beta$ で表すと，$\mathbb{F}_4$ の元 x と $x + \beta$ の表は

x	0	1	α	β
$x + \beta$	β	α	1	0

となる．$x = -x$ なのでこのように書くことができる．β を加えるという操作が $0, 1, \alpha, \beta$ の並べ方を逆順にするとみなすことができる．この性質を次で利用する．

$ax + by + c$ がラテン方陣を定めるとする．すなわち，$a \neq 0$ かつ $b \neq 0$ が成り立つとする．左上から右下の対角線では (x, x) 成分は $ax + bx + c = (a + b)x + c$ である．このとき，$\mathbb{F}_4$ の元がもれなく重複なく現れるための必要十分条件は $a + b \neq 0$ である．右上から左下の対角線では $(x, x + \beta)$ 成分は $ax + b(x + \beta) + c = (a + b)x + b\beta + c$ である．このとき，$\mathbb{F}_4$ の元がもれなく重複なく現れるための必要十分条件は $a + b \neq 0$ である．

以上の議論より次の主張がわかる．

定理 2.4.2 $\mathbb{F}_4$ の元 $0, 1, \alpha, \beta$ を $0, 1, 2, 3$ に対応させる．$\mathbb{F}_4$ の 1 次式

$$\begin{cases} ax + by + e \\ cx + dy + f \end{cases}$$

が二つのラテン方陣を定め，さらに一つのオイラー方陣を定めるための必要十分条件は $a, b, c, d, ad - bc$ がどれも 0 に一致しないことである．さらに，$a + b, c + d$ がどちらも 0 に一致しないならば，オイラー方陣から定まる魔方陣は対角魔方陣である． $\square$

問題 2.4.3 (2.8) 以外の 4 次対角魔方陣を構成せよ．

2.5
$\mathbb{F}_8$ の 1 次関数から魔方陣へ

2.3 節の手法を $\mathbb{F}_8$ に適用し，$\mathbb{F}_8$ の 1 次関数からラテン方陣，オイラー方陣，さらに 8 次魔方陣を作成する．$\mathbb{F}_8$ は定理 2.2.9 の $p = 2$, $n = 3$ の場合に対応する．$\mathbb{F}_2[x]$ の多項式 $x^{p^n} - x = x^8 - x$ を割る既約多項式を見つけるために，$x^8 - x$ を $\mathbb{F}_2[x]$ において因数分解する．

$$x^8 - x = x(x^7 - 1) = x(x - 1)(x^6 + x^5 + x^4 + x^3 + x^2 + x + 1).$$

ここで

$$(x^3 + x + 1)(x^3 + x^2 + 1) = x^6 + x^5 + x^4 + x^3 + x^2 + x + 1$$

となるので，

$$x^8 - x = x(x - 1)(x^3 + x + 1)(x^3 + x^2 + 1)$$

を得る．

$x^3 + x + 1$, $x^3 + x^2 + 1 \in \mathbb{F}_2[x]$ が既約多項式であることを示す．これらの多項式の定数項は 0 ではないので，もし多項式の積になるならば，定数項の消えない多項式の積になる．$\mathbb{F}_2[x]$ の定数項の消えない 1 次式は $x + 1$ のみであり，定数項の消えない 2 次式のすべては $x^2 + 1 = (x + 1)^2$, $x^2 + x + 1$ である．これらの積であって 3 次式になるもののすべては，

$$(x + 1)^3 = x^3 + x^2 + x + 1, \quad (x + 1)(x^2 + x + 1) = x^3 + 1$$

である．これらが定数項の消えない可約 3 次多項式の全体になり，$x^3 + x + 1$, $x^3 + x^2 + 1$ はこれらのどれにも一致しないので既約多項式である．

$x^3 + x + 1$ の定めるイデアルによる剰余環を考える.

$$\mathbb{F}_2[x]/(x^3 + x + 1)\mathbb{F}_2[x]$$
$$= \{[0], [1], [x], [x+1], [x^2], [x^2+1], [x^2+x], [x^2+x+1]\}$$

が成り立つ. 加法と乗法は下の表のように定まる. ただし, 剰余類を表す $[\cdot]$ は
省略する. 加法の演算表を作るためには, 同じものを 2 個たす部分を 0 に置き
換えればよい. それに対して乗法の演算表を作るためには, 多項式の積が 3 次
以上になるときに $x^3 + x + 1$ で割った余りを求めることになり, 計算が必要に
なる. 必要な計算を乗法の演算表の後に書いておく[2].

+	0	1	x	$x+1$
0	0	1	x	$x+1$
1	1	0	$x+1$	x
x	x	$x+1$	0	1
$x+1$	$x+1$	x	1	0
x^2	x^2	x^2+1	x^2+x	x^2+x+1
x^2+1	x^2+1	x^2	x^2+x+1	x^2+x
x^2+x	x^2+x	x^2+x+1	x^2	x^2+1
x^2+x+1	x^2+x+1	x^2+x	x^2+1	x^2

x^2	x^2+1	x^2+x	x^2+x+1
x^2	x^2+1	x^2+x	x^2+x+1
x^2+1	x^2	x^2+x+1	x^2+x
x^2+x	x^2+x+1	x^2	x^2+1
x^2+x+1	x^2+x	x^2+1	x^2
0	1	x	$x+1$
1	0	$x+1$	x
x	$x+1$	0	1
$x+1$	x	1	0

---

[2] 横のつながりが途切れるが, 紙面サイズの都合, 止む無くであって, 本来は 2 段の表は横
につながったものである.

·	0	1	x	$x+1$
0	0	0	0	0
1	0	1	x	$x+1$
x	0	x	x^2	x^2+x
$x+1$	0	$x+1$	x^2+x	x^2+1
x^2	0	x^2	$x+1$	x^2+x+1
x^2+1	0	x^2+1	1	x^2
x^2+x	0	x^2+x	x^2+x+1	1
x^2+x+1	0	x^2+x+1	x^2+1	x

x^2	x^2+1	x^2+x	x^2+x+1
0	0	0	0
x^2	x^2+1	x^2+x	x^2+x+1
$x+1$	1	x^2+x+1	x^2+1
x^2+x+1	x^2	1	x
x^2+x	x	x^2+1	1
x	x^2+x+1	$x+1$	x^2+x
x^2+1	$x+1$	x	x^2
1	x^2+x	x^2	$x+1$

積が 3 次以上の多項式になる場合の計算は以下のとおりである. 剰余類の記号は省略していることに注意しておく.

$$x \cdot x^2 = x^3 = (x^3+x+1)+x+1 = x+1,$$

$$x \cdot (x^2+1) = x^3+x = (x^3+x+1)+1 = 1,$$

$$x \cdot (x^2+x) = x^3+x^2 = (x^3+x+1)+x^2+x+1$$
$$= x^2+x+1,$$

$$x \cdot (x^2+x+1) = x^3+x^2+x = (x^3+x+1)+x^2+1 = x^2+1,$$

$$(x+1) \cdot x^2 = x^3+x^2 = x^2+x+1,$$

$$(x+1) \cdot (x^2+1) = x^3+x^2+x+1 = (x^3+x+1)+x^2 = x^2,$$

$$(x+1) \cdot (x^2+x) = x^3+x = 1,$$

$$(x+1) \cdot (x^2+x+1) = x^3+1 = (x^3+x+1)+x = x,$$

$$x^2 \cdot x^2 = x^4 = (x^3+x+1)x+x^2+x = x^2+x,$$

$$x^2 \cdot (x^2+1) = x^4+x^2 = (x^3+x+1)x+x = x,$$

$$x^2 \cdot (x^2+x) = x^4+x^3 = (x^3+x+1)(x+1)+x^2+1$$

$$= x^2 + 1,$$

$$x^2 \cdot (x^2 + x + 1) = x^4 + x^3 + x^2 = (x^3 + x + 1)(x + 1) + 1 = 1,$$

$$(x^2 + 1) \cdot (x^2 + 1) = x^4 + 1 = (x^3 + x + 1)x + x^2 + x + 1$$
$$= x^2 + x + 1,$$

$$(x^2 + 1) \cdot (x^2 + x) = x^4 + x^3 + x^2 + x = (x^3 + x + 1)(x + 1) + x + 1$$
$$= x + 1,$$

$$(x^2 + 1) \cdot (x^2 + x + 1) = x^4 + x^3 + x + 1 = (x^3 + x + 1)(x + 1) + x^2 + x$$
$$= x^2 + x,$$

$$(x^2 + x) \cdot (x^2 + x) = x^4 + x^2 = (x^3 + x + 1)x + x = x,$$

$$(x^2 + x) \cdot (x^2 + x + 1) = x^4 + x = (x^3 + x + 1)x + x^2 = x^2,$$

$$(x^2 + x + 1) \cdot (x^2 + x + 1) = x^4 + x^2 + 1 = (x^3 + x + 1)x + x + 1 = x + 1.$$

0 以外の各行各列に 1 があることから乗法の逆元の存在を直接確かめることも
できる.

$\mathbb{F}_8$ の元を次の対応によって書き換える.

0	1	x	$x+1$	x^2	x^2+1	x^2+x	x^2+x+1
0	1	2	3	4	5	6	7

この対応によって加法と乗法の演算表を書き換えると次のようになる.

+	0	1	2	3	4	5	6	7
0	0	1	2	3	4	5	6	7
1	1	0	3	2	5	4	7	6
2	2	3	0	1	6	7	4	5
3	3	2	1	0	7	6	5	4
4	4	5	6	7	0	1	2	3
5	5	4	7	6	1	0	3	2
6	6	7	4	5	2	3	0	1
7	7	6	5	4	3	2	1	0

·	0	1	2	3	4	5	6	7
0	0	0	0	0	0	0	0	0
1	0	1	2	3	4	5	6	7
2	0	2	4	6	3	1	7	5
3	0	3	6	5	7	4	1	2
4	0	4	3	7	6	2	5	1
5	0	5	1	4	2	7	3	6
6	0	6	7	1	5	3	2	4
7	0	7	5	2	1	6	4	3

もちろん，この演算表は $\mathbb{Z}_8$ の演算表とはまったく異なるものである．

(i,j) 成分を

$$\begin{cases} i + (x+1)j \\ i + xj \end{cases}$$

で定める二つのラテン方陣は，$x - (x+1) = -1 \neq 0$ が成り立つので，一つの
オイラー方陣を定める．$i + (x+1)j$ に対応するラテン方陣は

0	$x+1$	x^2+x	x^2+1	x^2+x+1	x^2	1	x
1	x	x^2+x+1	x^2	x^2+x	x^2+1	0	$x+1$
x	1	x^2	x^2+x+1	x^2+1	x^2+x	$x+1$	0
$x+1$	0	x^2+1	x^2+x	x^2	x^2+x+1	x	1
x^2	x^2+x+1	x	1	$x+1$	0	x^2+1	x^2+x
x^2+1	x^2+x	$x+1$	0	x	1	x^2	x^2+x+1
x^2+x	x^2+1	0	$x+1$	1	x	x^2+x+1	x^2
x^2+x+1	x^2	1	x	0	$x+1$	x^2+x	x^2+1

となり，$0,1,\ldots,7$ に置き換えると

0	3	6	5	7	4	1	2
1	2	7	4	6	5	0	3
2	1	4	7	5	6	3	0
3	0	5	6	4	7	2	1
4	7	2	1	3	0	5	6
5	6	3	0	2	1	4	7
6	5	0	3	1	2	7	4
7	4	1	2	0	3	6	5

である．$i + xj$ に対応するラテン方陣は

0	x	x^2	x^2+x	$x+1$	1	x^2+x+1	x^2+1
1	$x+1$	x^2+1	x^2+x+1	x	0	x^2+x	x^2
x	0	x^2+x	x^2	1	$x+1$	x^2+1	x^2+x+1
$x+1$	1	x^2+x+1	x^2+1	0	x	x^2	x^2+x
x^2	x^2+x	0	x	x^2+x+1	x^2+1	$x+1$	1
x^2+1	x^2+x+1	1	$x+1$	x^2+x	x^2	x	0
x^2+x	x^2	x	0	x^2+1	x^2+x+1	1	$x+1$
x^2+x+1	x^2+1	$x+1$	1	x^2	x^2+x	0	x

となり，$0,1,\ldots,7$ に置き換えると

0	2	4	6	3	1	7	5
1	3	5	7	2	0	6	4
2	0	6	4	1	3	5	7
3	1	7	5	0	2	4	6
4	6	0	2	7	5	3	1
5	7	1	3	6	4	2	0
6	4	2	0	5	7	1	3
7	5	3	1	4	6	0	2

これら二つのラテン方陣から定まるオイラー方陣（8 進法魔方陣）と 10 進法魔方陣は以下のようになる．

00	32	64	56	73	41	17	25
11	23	75	47	62	50	06	34
22	10	46	74	51	63	35	07
33	01	57	65	40	72	24	16
44	76	20	12	37	05	53	61
55	67	31	03	26	14	42	70
66	54	02	30	15	27	71	43
77	45	13	21	04	36	60	52

0	26	52	46	59	33	15	21
9	19	61	39	50	40	6	28
18	8	38	60	41	51	29	7
27	1	47	53	32	58	20	14
36	62	16	10	31	5	43	49
45	55	25	3	22	12	34	56
54	44	2	24	13	23	57	35
63	37	11	17	4	30	48	42

$\mathbb{F}_8$ の元の並べ方を $0, 1, x, x+1, x^2, x^2+1, x^2+x, x^2+x+1$ とする．

i	0	1	x	$x+1$	x^2	x^2+1	x^2+x	x^2+x+1
$x^2+x+1-i$	x^2+x+1	x^2+x	x^2+1	x^2	$x+1$	x	1	0

となり，x^2+x+1 から引くという操作が $0, 1, x, x+1, x^2, x^2+1, x^2+x, x^2+x+1$ の並べ方を逆順にすることがわかる．これより，オイラー方陣から定まる魔方陣の対角線の和も等しくなる条件は，$\mathbb{F}_4$ の場合と同様に考えられる．

$$\begin{cases} ai + bj + e \\ ci + dj + f \end{cases}$$

が定める二つの方陣がラテン方陣になる必要十分条件は $a \neq 0, b \neq 0, c \neq 0, d \neq 0$ であり,二つのラテン方陣からオイラー方陣が定まる必要十分条件は $ad - bc \neq 0$ である.

$ai + bj + e$ が定めるラテン方陣の左上から右下への対角線の成分 (i, i) は

$$ai + bi + e = (a + b)i + e$$

になり,これが $\mathbb{F}_8$ から $\mathbb{F}_8$ への全単射を定める必要十分条件は $a + b \neq 0$ である.

同じラテン方陣の右上から左下への対角線の成分 $(i, x^2 + x + 1 - i)$ は

$$ai + b(x^2 + x + 1 - i) + e = (a - b)i + b(x^2 + x + 1) + e$$

になり,これが $\mathbb{F}_8$ から $\mathbb{F}_8$ への全単射を定める必要十分条件は $a - b \neq 0$ である.

したがって,上記の二つの 1 次式が定めるオイラー方陣から定まる魔方陣の対角線の和も等しくなるための十分条件は,$a + b \neq 0, a - b \neq 0, c + d \neq 0, c - d \neq 0$ である.ただし $\mathbb{F}_8$ では和と差は同じことなので,十分条件は $a + b \neq 0, c + d \neq 0$ である.上で定めた $a = x + 1, b = 1, c = x, d = 1, e = f = 0$ から定まる魔方陣は,$a + b = x \neq 0, c + d = x + 1 \neq 0$ より対角線の和も等しくなる.

他にも次のような 1 次式から対角線の和も等しい魔方陣が定まる.

$$\begin{cases} x^2 i + j \\ xi + j \end{cases} \quad \begin{cases} (x^2 + 1)i + j \\ xi + j \end{cases} \quad \begin{cases} (x^2 + x)i + j \\ xi + j \end{cases} \quad \begin{cases} (x^2 + x + 1)i + j \\ xi + j \end{cases}$$

2.6
$\mathbb{F}_9$ の 1 次関数から魔方陣へ

2.3 節の手法を $\mathbb{F}_9$ に適用し,$\mathbb{F}_9$ の 1 次関数からラテン方陣,オイラー方陣,さらに 9 次魔方陣を作成する.$\mathbb{F}_9$ は定理 2.2.9 の $p = 3, n = 2$ の場合に対応する.$\mathbb{F}_9$ の多項式 $x^{p^n} - x = x^9 - x$ を割る既約多項式を見つけるために,$x^9 - x$ を $\mathbb{F}_9[x]$ において因数分解する.

$$x^9 - x = x(x^8 - 1) = x(x^4 - 1)(x^4 + 1) = x(x^2 - 1)(x^2 + 1)(x^4 + 1)$$
$$= x(x - 1)(x + 1)(x^2 + 1)(x^4 + 1).$$

ここで $(x^2 + x + 2)(x^2 + 2x + 2) = x^4 + 1$ となるので,

$$x^9 - x = x(x - 1)(x + 1)(x^2 + 1)(x^2 + x + 2)(x^2 + 2x + 2)$$

を得る.

$x^2 + 1, x^2 + x + 2, x^2 + 2x + 2 \in \mathbb{F}_3[x]$ が既約多項式であることを示す. 定数項が消えない 1 次式のすべては $x + 1, x + 2, 2x + 1, 2x + 2$ である. このうちの後半の二つは $2x + 1 = 2(x + 2), 2x + 2 = 2(x + 1)$ となるので, 2 次可約多項式を考えるためには $x + 1, x + 2$ の積を考えればよい. これらの積のすべては $(x + 1)^2 = x^2 + 2x + 1, (x + 1)(x + 2) = x^2 + 2,$ $(x+2)^2 = x^2+x+1$ である. これらの 2 倍は $2x^2+x+2, 2x^2+1, 2x^2+2x+2$ である. $x^2 + 1, x^2 + x + 2, x^2 + 2x + 2$ はこれらのどれにも一致しないので既約多項式である.

$x^2 + 1$ の定めるイデアルによる剰余環を考える.

$$\mathbb{F}_3[x]/(x^2 + 1)\mathbb{F}_3[x] = \{[0], [1], [2], [x], [x + 1], [x + 2], [2x], [2x + 1], [2x + 2]\}$$

が成り立つ. 加法と乗法は次の表のように定まる. ただし, 剰余類を表す $[\cdot]$ は省略する.

+	0	1	2	x	$x + 1$	$x + 2$	$2x$	$2x + 1$	$2x + 2$
0	0	1	2	x	$x + 1$	$x + 2$	$2x$	$2x + 1$	$2x + 2$
1	1	2	0	$x + 1$	$x + 2$	x	$2x + 1$	$2x + 2$	$2x$
2	2	0	1	$x + 2$	x	$x + 1$	$2x + 2$	$2x$	$2x + 1$
x	x	$x + 1$	$x + 2$	$2x$	$2x + 1$	$2x + 2$	0	1	2
$x + 1$	$x + 1$	$x + 2$	x	$2x + 1$	$2x + 2$	$2x$	1	2	0
$x + 2$	$x + 2$	x	$x + 1$	$2x + 2$	$2x$	$2x + 1$	2	0	1
$2x$	$2x$	$2x + 1$	$2x + 2$	0	1	2	x	$x + 1$	$x + 2$
$2x + 1$	$2x + 1$	$2x + 2$	$2x$	1	2	0	$x + 1$	$x + 2$	x
$2x + 2$	$2x + 2$	$2x$	$2x + 1$	2	0	1	$x + 2$	x	$x + 1$

·	0	1	2	x	$x+1$	$x+2$	$2x$	$2x+1$	$2x+2$
0	0	0	0	0	0	0	0	0	0
1	0	1	2	x	$x+1$	$x+2$	$2x$	$2x+1$	$2x+2$
2	0	2	1	$2x$	$2x+2$	$2x+1$	x	$x+2$	$x+1$
x	0	x	$2x$	2	$x+2$	$2x+2$	1	$x+1$	$2x+1$
$x+1$	0	$x+1$	$2x+2$	$x+2$	$2x$	1	$2x+1$	2	x
$x+2$	0	$x+2$	$2x+1$	$2x+2$	1	x	$x+1$	$2x$	2
$2x$	0	$2x$	x	1	$2x+1$	$x+1$	2	$2x+2$	$x+2$
$2x+1$	0	$2x+1$	$x+2$	$x+1$	2	$2x$	$2x+1$	x	1
$2x+2$	0	$2x+2$	$x+1$	$2x+1$	x	2	$x+2$	1	$2x$

$\mathbb{F}_9$ の元を次の対応によって書き換える.

0	1	2	x	$x+1$	$x+2$	$2x$	$2x+1$	$2x+2$
0	1	2	3	4	5	6	7	8

この対応によって加法と乗法の演算表を書き換えると次のようになる.

+	0	1	2	3	4	5	6	7	8
0	0	1	2	3	4	5	6	7	8
1	1	2	0	4	5	3	7	8	6
2	2	0	1	5	3	4	8	6	7
3	3	4	5	6	7	8	0	1	2
4	4	5	3	7	8	6	1	2	0
5	5	3	4	8	6	7	2	0	1
6	6	7	8	0	1	2	3	4	5
7	7	8	6	1	2	0	4	5	3
8	8	6	7	2	0	1	5	3	4

·	0	1	2	3	4	5	6	7	8
0	0	0	0	0	0	0	0	0	0
1	0	1	2	3	4	5	6	7	8
2	0	2	1	6	8	7	3	5	4
3	0	3	6	2	5	8	1	4	7
4	0	4	8	5	6	1	7	2	3
5	0	5	7	8	1	3	4	6	2
6	0	6	3	1	7	4	2	8	5
7	0	7	5	4	2	6	7	3	1
8	0	8	4	7	3	2	5	1	6

(i, j) 成分を

$$\begin{cases} i + (x+1)j \\ i + xj \end{cases}$$

で定める二つのラテン方陣は, $x-(x+1)=-1\neq0$ が成り立つので, 一つの
オイラー方陣を定める. $i+(x+1)j$ に対応するラテン方陣は

0	$x+1$	$2x+2$	$x+2$	$2x$	1	$2x+1$	2	x
1	$x+2$	$2x$	x	$2x+1$	2	$2x+2$	0	$x+1$
2	x	$2x+1$	$x+1$	$2x+2$	0	$2x$	1	$x+2$
x	$2x+1$	2	$2x+2$	0	$x+1$	1	$x+2$	$2x$
$x+1$	$2x+2$	0	$2x$	1	$x+2$	2	x	$2x+1$
$x+2$	$2x$	1	$2x+1$	2	x	0	$x+1$	$2x+2$
$2x$	1	$x+2$	2	x	$2x+1$	$x+1$	$2x+2$	0
$2x+1$	2	x	0	$x+1$	$2x+2$	$x+2$	$2x$	1
$2x+2$	0	$x+1$	1	$x+2$	$2x$	x	$2x+1$	2

となり, $0,1,\ldots,8$ に置き換えると

0	4	8	5	6	1	7	2	3
1	5	6	3	7	2	8	0	4
2	3	7	4	8	0	6	1	5
3	7	2	8	0	4	1	5	6
4	8	0	6	1	5	2	3	7
5	6	1	7	2	3	0	4	8
6	1	5	2	3	7	4	8	0
7	2	3	0	4	8	5	6	1
8	0	4	1	5	6	3	7	2

である. $i+xj$ に対応するラテン方陣は

0	x	$2x$	2	$x+2$	$2x+2$	1	$x+1$	$2x+1$
1	$x+1$	$2x+1$	0	x	$2x$	2	$x+2$	$2x+2$
2	$x+2$	$2x+2$	1	$x+1$	$2x+1$	0	x	$2x$
x	$2x$	0	$x+2$	$2x+2$	2	$x+1$	$2x+1$	1
$x+1$	$2x+1$	1	x	$2x$	0	$x+2$	$2x+2$	2
$x+2$	$2x+2$	2	$x+1$	$2x+1$	1	x	$2x$	0
$2x$	0	x	$2x+2$	2	$x+2$	$2x+1$	1	$x+1$
$2x+1$	1	$x+1$	$2x$	0	x	$2x+2$	2	$x+2$
$2x+2$	2	$x+2$	$2x+1$	1	$x+1$	$2x$	0	x

となり，$0, 1, \ldots, 8$ に置き換えると

0	3	6	2	5	8	1	4	7
1	4	7	0	3	6	2	5	8
2	5	8	1	4	7	0	3	6
3	6	0	5	8	2	4	7	1
4	7	1	3	6	0	5	8	2
5	8	2	4	7	1	3	6	0
6	0	3	8	2	5	7	1	4
7	1	4	6	0	3	8	2	5
8	2	5	7	1	4	6	0	3

であり，$0, 1, \ldots, 8$ に置き換えると，これら二つのラテン方陣から定まるオイラー方陣（9 進法魔方陣）と 10 進法魔方陣は以下のようになる．

00	43	86	52	65	18	71	24	37
11	54	67	30	73	26	82	05	48
22	35	78	41	84	07	60	13	56
33	76	20	85	08	42	14	57	61
44	87	01	63	16	50	25	38	72
55	68	12	74	27	31	03	46	80
66	10	53	28	32	75	47	81	04
77	21	34	06	40	83	58	62	15
88	02	45	17	51	64	36	70	23

0	39	78	47	59	17	64	22	34
10	49	61	27	66	24	74	5	44
20	32	71	37	76	7	54	12	51
30	69	18	77	8	38	13	52	55
40	79	1	57	15	45	23	35	65
50	62	11	67	25	28	3	42	72
60	9	48	26	29	68	43	73	4
70	19	31	6	36	75	53	56	14
80	2	41	16	46	58	33	63	21

$\mathbb{F}_9$ の元の並べ方を $0, 1, 2, x, x+1, x+2, 2x, 2x+1, 2x+2$ とする.

i	0	1	2	x	$x+1$	$x+2$	$2x$	$2x+1$	$2x+2$
$2x+2-i$	$2x+2$	$2x+1$	$2x$	$x+2$	$x+1$	x	2	1	0

となり, $2x+2$ から引くという操作が $0, 1, 2, x, x+1, x+2, 2x, 2x+1, 2x+2$ の並べ方を逆順にすることがわかる. これより, オイラー方陣から定まる魔方陣の対角線の和も等しくなる条件は, $\mathbb{F}_4$ の場合と同様になる. これより, 上記の魔方陣の対角線の和も等しくなる.

他にも次のような 1 次式から対角線の和も等しい魔方陣が定まる.

$$\begin{cases} (x+2)i+j \\ xi+j \end{cases} \qquad \begin{cases} 2xi+j \\ xi+j \end{cases} \qquad \begin{cases} (2x+1)i+j \\ xi+j \end{cases} \qquad \begin{cases} (2x+2)i+j \\ xi+j \end{cases}$$

第 **3** 章

魔方陣の決定

この章では 3 次魔方陣と 4 次完全魔方陣を決定する．決定とは，対象に行や列の入れ換えなどの基本操作を行うことによって，置き換えることのできる魔方陣の形を定めることである．

■ 3.1
■ 3 次魔方陣

1.1 節では 3 次魔方陣の記述を 3 進法で表示すると，2 桁目と 1 桁目を分けた補助方陣がともにラテン方陣になることをいくつかの例で確認した．いつでもこんなことが起こるのだろうかと疑問になると思う．この節では 3 次魔方陣のすべてを明らかにすることにより，その疑問にも答える．

まず

$$
\begin{array}{|c|c|c|}
\hline
a & b & c \\
\hline
d & e & f \\
\hline
g & h & i \\
\hline
\end{array}
\tag{3.1}
$$

が 3 次魔方陣であるとする．a から i までは 0 から 8 までの整数である．魔方陣の二つの行を入れ換えたり，二つの列を入れ換えても，魔方陣であることは変わりない．たとえば，(3.1) の 2 行目と 3 行目を入れ換えて

a	b	c
g	h	i
d	e	f

としても，行の和が同じ値であることは変わりないし，列の和が同じ値であることも変わりない．また，(3.1) の対角線 a, e, i で折り返しても

a	d	g
b	e	h
c	f	i

となって，行と列が入れ換わるだけで，それらの和が同じ値であることは変わりない．(3.1) の対角線 c, e, g で折り返しても同様である．

　行や列を入れ換えることにより，方陣の真ん中の e は4にすることができる．4 は 0 から 8 の数の並びの中心であり，このように 4 を配置すると後の議論がやりやすくなる．

a	b	c
d	4	f
g	h	i

この 4 の回りの数について考える．一つの行や一つの列の和は定和 $S(3) = \frac{1}{2} \cdot 2 \cdot 3 \cdot 4 = 12$ なので，4 を除いた

$$\{0, 1, 2, 3, 5, 6, 7, 8\} \tag{3.2}$$

の中から和が定和 12 になる 3 個の組合せをすべて考える．3 個の組合せが 0 を含む場合，残りは 5, 7 のみであり，$\{0, 5, 7\}$ の組合せを得る．3 個の組合せが 1 を含む場合，残りは 3, 8 または 5, 6 であり，$\{1, 3, 8\}, \{1, 5, 6\}$ の組合せを得る．3 個の組合せが 2 を含む場合，残りは 3, 7 のみであり，$\{2, 3, 7\}$ の組合せを得る．3 個の組合せが 3 を含む場合，すでに挙げた $\{1, 3, 8\}, \{2, 3, 7\}$ だけである．

　結局，(3.2) の中から和が定和 12 になる 3 個の組合せは

$$\{0, 5, 7\}, \{1, 3, 8\}, \{1, 5, 6\}, \{2, 3, 7\} \tag{3.3}$$

がすべてである．(3.2) の数が (3.3) に現れる回数を表にすると

	0	1	2	3	5	6	7	8
回数	1	2	1	2	2	1	2	1

$$(3.4)$$

となる．回数 1 の数 $0, 2, 6, 8$ は b, d, f, h の場所に入るしかなく，回数 2 の数 $1, 3, 5, 7$ は a, c, g, i の場所に入るしかない．

 1 行目と 3 行目の入れ換え，1 列目と 3 列目の入れ換えによって a は 1 にすることができる．

1	b	c
d	4	f
g	h	i

(3.3) の組合せの中で 1 を含むものは $\{1, 3, 8\}, \{1, 5, 6\}$ であり，c, g の候補は (3.4) の回数 2 のもので $3, 5$ である．

 対角線 $1, 4, i$ による折り返しによって c は 3 にすることができる．このとき，g は 5 になり i は 7 になる．

1	b	3
d	4	f
5	h	7

さらに，この方陣が魔方陣であるという前提から，b, d, f, h は次のように定まる．

1	8	3
6	4	2
5	0	7

$$(3.5)$$

以上の議論で，3 次魔方陣は行や列の入れ換え，および対角線による折り返しによって (3.5) にできる．さらに，(3.5) は対角魔方陣にもなっている．

 (1.1) の一番右の魔方陣の 0 列目と 2 列目を入れ換えたものが，(3.5) になることがわかる．問題 1.1.3 で確認していることからわかるが，(3.5) を 3 進法表記すると

01	22	10
20	11	02
12	00	21

となり，1桁目と2桁目はどちらもラテン方陣になっていることがわかる．以上の議論の結果を改めて次に定理としてまとめておく．

定理3.1.1　3次魔方陣は行の入れ換え，列の入れ換え，および対角線に関する折り返しにより3次対角魔方陣

1	8	3
6	4	2
5	0	7

にできる．この3次対角魔方陣の3進法表記は

01	22	10
20	11	02
12	00	21

であり，二つのラテン方陣から定まるオイラー方陣になっている．すなわち，3次魔方陣は二つのラテン方陣から定まるオイラー方陣から定まる．　　　□

系3.1.2　3次完全魔方陣は存在しない．　　　□

　系の証明を始める前に用語の準備をしておく．これから定める用語に次数の制限は必要ないので，一般の n 次の方陣について考える． n 次方陣の0行を1行に移し，1行を2行に移し，一般に i 行を $i+1$ 行に移し， n 行を0行に写す操作を**行のシフト変換**と呼ぶことにする．この操作を繰り返し行った操作も**行のシフト変換**と呼ぶことにする．たとえば

a	b	c
d	e	f
g	h	i

$\Rightarrow$

g	h	i
a	b	c
d	e	f

d	e	f
g	h	i
a	b	c

は行のシフト変換である．**列のシフト変換**も同様に定義できる．

　行や列のシフト変換は，行や列の入れ換えの特別なものを繰り返した操作になっている．したがって，魔方陣に行や列のシフト変換をしたものはまた魔方陣になる．行や列のシフト変換は対角線と平行な直線を同じ対角線と平行な直線に移すので，完全魔方陣に行や列のシフト変換をしたものはまた完全魔方陣になることがわかる．対角線に関する折り返しは，対角線と平行な直線を同じ対角線と平行な直線に移すので，完全魔方陣の対角線に関する折り返しはまた完全魔方陣になることがわかる．

《系 3.1.2 の証明》　定理 3.1.1 の証明より，3 次魔方陣は行や列のシフト変換と対角線に関する折り返しにより 3 次対角魔方陣

1	8	3
6	4	2
5	0	7

にできることがわかる．上に述べたように，完全魔方陣の性質は行や列のシフト変換と対角線に関する折り返しで不変である．したがって，もし 3 次完全魔方陣が存在すれば，上記の 3 次対角魔方陣も完全魔方陣になるはずであるが，完全魔方陣にはなっていない．以上より，3 次完全魔方陣は存在しない．　■

☑ **注意 3.1.3**　定理 3.1.1 の証明の議論では，0 から 8 の中から和が定和 12 になる 4 を除いた 3 個の組合せのすべてが (3.3) であることを利用して，3 次魔方陣の数の並び方を決定した．この証明の議論では利用しなかったが，0 から 8 の中から和が定和 12 になる 4 を含む 3 個の組合せのすべては

$$\{0,4,8\}, \{1,4,7\}, \{2,4,6\}, \{3,4,5\} \tag{3.6}$$

の 4 個になる．これらは 3 次魔方陣 (3.5) の 4 を含む行，列および対角線にある数の組合せに一致している．結局，0 から 8 の中から和が定和 12 になる 3 個の組合せは (3.3) と (3.6) の 8 個であり，3 次対角魔方陣の和が等しくなるべき 3 個の行，3 個の列，2 個の対角線の条件も 8 個であって，和が定和 12 になる 3 個の組合せの 8 個が 8 個の条件に当てはまっているのが，(3.5) である．

　すでに確認していることに帰着するが，(3.3) の組合せを 3 進法表記すると，

$$\{00,12,21\}, \{01,10,22\}, \{01,12,20\}, \{02,10,21\}$$

となり，それぞれ1桁目と2桁目はどちらも $\{0,1,2\}$ の組合せである．(3.6) の組合せを3進法表記すると，

$$\{00,11,22\},\{01,11,21\},\{02,11,20\},\{10,11,12\}$$

となり，$\{01,11,21\}$ の1桁目と $\{10,11,12\}$ の2桁目は1のみであるが，他の1桁目と2桁目は $\{0,1,2\}$ の組合せである．$\{01,11,21\}$ と $\{10,11,12\}$ に対応する $\{1,4,7\}$ と $\{3,4,5\}$ は，3次対角魔方陣 (3.5) の対角線の数の組合せである．

☑ **注意 3.1.4**　1.1節の最後に書いたメランコリアⅠの4次魔方陣は，4進法表記したときの2桁目と1桁目を分けた補助方陣がどちらもラテン方陣にはなっていない．したがって，オイラー方陣から定まっているわけではない．このように3次と4次では魔方陣の状況はかなり異なる．

3.2
4次完全魔方陣

次の方陣が完全魔方陣であると仮定して，a から p の満たす条件を考える．

a	b	c	d
e	f	g	h
i	j	k	l
m	n	o	p

行の和，列の和，対角線と平行な直線上の和がすべて定和 $S(4) = \frac{1}{2}\cdot 3\cdot 4\cdot 5 = 30$ に等しいということが，完全魔方陣の条件である．

$$a+b+c+d = i+j+k+l = 30,$$
$$a+e+i+m = c+g+k+o = 30.$$

これらの和から

$$b+e+l+o = d+g+j+m = 30$$

を引くと

$$2(a+c+i+k) = 60, \quad a+c+i+k = 30 \tag{3.7}$$

を得る. さらに

$$a + f + k + p = c + f + i + p = 30$$

より

$$0 = (a + f + k + p) - (c + f + i + p) = (a + k) - (c + i).$$

先の等式 (3.7) と合わせると

$$30 = (a + c + i + k) + (a + k) - (c + i) = 2(a + k)$$

より

$$a + k = 15.$$

さらに

$$30 = (a + c + i + k) - (a + k) + (c + i) = 2(c + i)$$

より

$$c + i = 15$$

も得る.

$$f + p = (c + f + i + p) - (c + i) = 30 - 15 = 15,$$
$$h + n = (a + h + k + n) - (a + k) = 30 - 15 = 15$$

も成り立つ. 完全魔方陣の性質は行や列のシフト変換に関して不変なので,

b	c	d	a
f	g	h	e
j	k	l	i
n	o	p	m

も完全魔方陣になる. 上で示したことより

$$b + l = d + j = g + m = e + o = 15$$

が成り立つ.

次に

$$a + c = (15 - k) + (15 - i) = 30 - (i + k) = j + l,$$
$$b + d = (15 - l) + (15 - j) = 30 - (j + l) = i + k.$$

同様に

$$e + g = n + p, \quad f + h = m + o$$

を得る．列についても同様に

$$a + i = g + o, \quad e + m = c + k, \quad b + j = h + p, \quad f + n = d + l$$

を得る．今までの結果を次の補題にまとめておく．

補題 3.2.1

a	b	c	d
e	f	g	h
i	j	k	l
m	n	o	p

が 4 次完全魔方陣ならば，以下の等式が成り立つ．

$$a + k = c + i = b + l = d + j = e + o = g + m = f + p = h + n = 15,$$
$$a + c = j + l, \quad b + d = i + k, \quad e + g = n + p, \quad f + h = m + o,$$
$$a + i = g + o, \quad e + m = c + k, \quad b + j = h + p, \quad f + n = d + l. \qquad \square$$

次に正方形の 4 辺と 2 個の対角線の和を考えると

$$(a + b + c + d) + (a + e + i + m) + (d + h + l + p) + (m + n + o + p)$$
$$+ (a + f + k + p) + (d + g + j + m) = 30 \times 6,$$
$$2(a + d + m + p) + (a + b + \cdots + o + p) = 30 \times 6,$$
$$2(a + d + m + p) = 30 \times 2,$$
$$a + d + m + p = 30$$

を得る．さらに，

$$(a+f+k+p)+(d+g+j+m) = 30 \times 2,$$
$$(a+d+m+p)+(f+g+j+k) = 30 \times 2,$$
$$f+g+j+k = 30$$

を得る．行や列のシフト変換により完全魔方陣の性質は変わらないので，どの
2×2 の正方形の和も定和 30 になることがわかる．

　小正方形の和と行，列，対角線と平行な線の和が定和 30 になることを使う
と，次のような等式を得る．

$$30 = a+b+c+d = a+b+(30-(g+h))$$

より

$$a+b = g+h.$$

同様に行が一つずれた隣り合った二つずつの和が等しくなる．

$$a+b = g+h = i+j = o+p, \qquad c+d = e+f = k+l = m+n,$$
$$a+d = f+g = i+l = n+o, \qquad b+c = e+h = j+k = m+p.$$

列についても同様である．

$$a+e = j+n = c+g = l+p, \qquad i+m = b+f = k+o = d+h,$$
$$a+m = f+j = c+o = h+l, \qquad e+i = b+n = g+k = d+p.$$

対角線と平行な線についても同様である．たとえば

$$30 = a+f+k+p = a+f+(30-(l+o))$$

より

$$a+f = l+o$$

が成り立つ．同様に

$$a+p = g+j, \quad b+e = k+p.$$

対角線と平行な他の線を利用すると，

$$b + g = i + p, \qquad b + m = h + k, \qquad c + f = l + m,$$

$$c + h = j + m, \qquad c + n = e + l, \qquad d + g = i + n,$$

$$d + e = k + n.$$

行や列のシフト変換により $m = 0$ とできる．このとき補題 3.2.1 より $g + m = 15$ なので，$g = 15$ が成り立つ．

a	b	c	d
e	f	15	h
i	j	k	l
0	n	o	p

今までに得られた関係式を利用すると

$15 - k$	$h + k$	c	$f + k$
$c + k$	f	15	h
$15 - c$	$c + h$	k	$c + f$
0	$15 - h$	$f + h$	$15 - f$

(3.8)

となり，c, f, h, k によって他の成分はすべて定まることがわかる．さらに

$$c + f + h + k = 15$$

より上記の方陣の行，列，対角線と平行な直線の和はすべて定和 30 になることもわかる．これが完全魔方陣になるための必要十分条件は，上の方陣のマス目に入っている $0, 15$ 以外の数の全体が 1 から 14 までの自然数の全体に一致すること，すなわち

$$\{c, f, h, k, c + f, c + h, c + k, f + h, f + k, h + k,$$
$$15 - c, 15 - f, 15 - h, 15 - k\} = \{1, 2, 3, \ldots, 14\} \qquad (3.9)$$

が成り立つことである．

$X = \{c, f, h, k\}$ が完全魔方陣という条件から定まることを以下で示す. そのために, X から定まる上記の方陣が完全魔方陣になっていると仮定する. どの $x \in X$ も $x \leq 11$ を満たすことをまず示しておく. 等式 (3.9) より X のどの二つの元の和も $\{1, 2, 3, \ldots, 14\}$ に含まれる. これより, $y \in X \backslash \{x\}$ に対して $x + y \leq 14$ が成り立つ. $|X \backslash \{x\}| = 3$ なので, $3 \leq y$ を満たす $y \in X \backslash \{x\}$ が存在する. このとき,

$$x + 3 \leq x + y \leq 14$$

となり, $x \leq 14 - 3 = 11$ が成り立つ. これより, $x \in X$ に対して

$$15 - x \geq 15 - 11 = 4$$

が成り立つ. つまり, (3.9) の左辺にある

$$15 - c, 15 - f, 15 - h, 15 - k$$

はすべて 4 以上になる. また, (3.9) の左辺にある X の二つの元の和になっているものは 3 以上になるので, (3.9) の右辺にある $1, 2$ は c, f, h, k のいずれかに一致する. すなわち, $1, 2$ はどちらも X に含まれる.

(3.9) の右辺の 3 以上の元についても, 対応する左辺の元を明らかにする. 3 は $1 + 2$ と表せるので, 対応する (3.9) の左辺の元は X の二つの元の和である.

4 は 3 を除いた異なる 2 個の自然数の和にはならないので, $4 = 15 - 11$ より $11 \in X$ であるか, または, $4 \in X$ が成り立つ.

$5 = 1 + 4 = 2 + 3$ が 5 を異なる 2 個の自然数の和で表すすべての方法である. $2 + 3$ は X の二つの元の和ではない. よって, 5 が X の二つの和で表せるとすると $5 = 1 + 4$ の表し方のみになり, $4 \in X$ が成り立つ. 他の可能性として $5 = 15 - 10$ なので $10 \in X$ の可能性もある.

$6 = 1 + 5 = 2 + 4$ が 6 を異なる 2 個の自然数の和で表すすべての方法である. $1 + 5$ は X の二つの元の和ではない. よって, 6 が X の二つの元の和で表せるとすると $2 + 4$ の表し方のみになり, $4 \in X$ が成り立つ. 他の可能性として $6 = 15 - 9$ なので $9 \in X$ の可能性もある.

$7 = 1 + 6 = 2 + 5 = 3 + 4$ はいずれも X の二つの元の和にはならない. よって, $7 = 15 - x \ (x \in X)$ と表すしかなく, $x = 8 \in X$ が成り立つ. 以上で X

の元のうち 3 個は 1, 2, 8 になるしかない．これまでの議論より $4 \notin X$ ならば，10, 9 $\in X$ となり，X の元の個数が 4 であることに反する．したがって，$4 \in X$ であり，$X = \{1, 2, 4, 8\}$ となる．

9 から 14 までの数については

$$9 = 1 + 8, \ 10 = 2 + 8, \ 11 = 15 - 4,$$
$$12 = 4 + 8, \ 13 = 15 - 2, \ 14 = 15 - 1$$

となり，問題の条件を満たす．さらに問題の条件を満たす X は $\{1, 2, 4, 8\}$ のみである．

$X = \{1, 2, 4, 8\}$ が問題の条件を満たすことは，2 進法の表記で考えるとわかりやすい．1 から 14 までの自然数を 2 進法で表すと，0001 から 1110 までの数になる．X は $\{0001, 0010, 0100, 1000\}$ と表せる．0001 から 1110 までの数は 1 が 1, 2, 3 個現れる 4 桁以下の数である．1 が 1 個現れる数は X の元である．1 が 2 個現れる数は X の 2 個の元の和として表せる．

$$0011 = 0001 + 0010, \quad 0101 = 0001 + 0100, \quad 0110 = 0010 + 0100,$$
$$1001 = 0001 + 1000, \quad 1010 = 0010 + 1000, \quad 1100 = 0100 + 1000.$$

1 が 3 個現れる数は 1111 から X の 1 個の元を引いた数として表せる．

$$0111 = 1111 - 1000, \quad 1011 = 1111 - 0100, \quad 1101 = 1111 - 0010,$$
$$1110 = 1111 - 0001.$$

さて，話を 4 次完全魔方陣に戻す．(3.8) の方陣を右上から左下への対角線について折り返すと

$15-f$	$c+f$	h	$f+k$
$f+h$	k	15	c
$15-h$	$c+h$	f	$h+k$
0	$15-c$	$c+k$	$15-k$

となる．これは c と h を入れ換え，f と k を入れ換えたものになる．(3.8) の

第1行と第2行の間の線について折り返すと

0	$15-h$	$f+h$	$15-f$
$15-c$	$c+h$	k	$c+f$
$c+k$	f	15	h
$15-k$	$h+k$	c	$f+k$

となり，さらに0を含む行が一番下になるように行のシフト変換を行うと

$15-c$	$c+h$	k	$c+f$
$c+k$	f	15	h
$15-k$	$h+k$	c	$f+k$
0	$15-h$	$f+h$	$15-f$

となる．これは (3.8) の c と k を入れ換えたものになる．同様に (3.8) の第1
列と第2列の間の線に関する折り返しと列のシフト変換を使うと，f と h を入
れ換えることもできる．これらの移動により，$f=1$ にすることができる．残
りの $2, 4, 8$ のうちの1個を h にすると，15を含む行による折り返しによって
$c<k$ を満たすようにできる．

　その結果，4次完全魔方陣は折り返しやシフト変換を繰り返すことによって，
次の $h=2, 4, 8$ に対応する3個のいずれかにできる．

7	10	4	9
12	1	15	2
11	6	8	5
0	13	3	14

7	12	2	9
10	1	15	4
13	6	8	3
0	11	5	14

11	12	2	5
6	1	15	8
13	10	4	3
0	7	9	14

これらを4進法表記すると

13	22	10	21
30	01	33	02
23	12	20	11
00	31	03	32

13	30	02	21
22	01	33	10
31	12	20	03
00	23	11	32

23	30	02	11
12	01	33	20
31	22	10	03
00	13	21	32

となり，さらに補助方陣に分けると

1	2	1	2
3	0	3	0
2	1	2	1
0	3	0	3

3	2	0	1
0	1	3	2
3	2	0	1
0	1	3	2

1	3	0	2
2	0	3	1
3	1	2	0
0	2	1	3

3	0	2	1
2	1	3	0
1	2	0	3
0	3	1	2

2	3	0	1
1	0	3	2
3	2	1	0
0	1	2	3

3	0	2	1
2	1	3	0
1	2	0	3
0	3	1	2

となる．

最初の完全魔方陣から定まる二つの補助方陣はラテン方陣ではないが，行，列，対角線に平行な直線の和は一定になっている．残りの二つの完全魔方陣から定まる補助方陣はすべてラテン方陣である．さらに対角線に平行な直線の和は一定になっている．三種類の3次完全魔方陣のうち，最初のものはオイラー方陣から定まらないが，残り二つはオイラー方陣から定まっている．

最初の完全魔方陣から定まる二つの補助方陣は，対角線と平行な直線では $0, 1, 2, 3$ が現れている．対角線と平行な直線に関するラテン方陣のようなものになっている．

この節で得た結果を次の定理にまとめておく．

定理 3.2.2 4次完全魔方陣は行および列のシフト変換，行および列に関する折り返しにより，次の3個の4次完全魔方陣

7	10	4	9
12	1	15	2
11	6	8	5
0	13	3	14

7	12	2	9
10	1	15	4
13	6	8	3
0	11	5	14

11	12	2	5
6	1	15	8
13	10	4	3
0	7	9	14

のいずれかにできる．最初の完全魔方陣の二つの補助方陣はラテン方陣ではないが，残り二つの完全魔方陣の補助方陣はすべてラテン方陣である．特に最初

の完全魔方陣はオイラー方陣から定まらないが, 残り二つはオイラー方陣から
定まる.   □

問題 3.2.3 本書の表紙カバーの二つのラテン方陣は, 定理 3.2.2 の 3 番目の
4 次完全魔方陣の補助方陣に対応している. これらを定める $\mathbb{F}_4$ の 1 次式を求
めよ.

第 **4** 章

魔方陣の存在

この章では，3次以上の魔方陣は存在することを証明する．これまでの章の結果から，奇素数やその冪の次数の魔方陣が存在することはすでにわかっている．この章の最初の節で導入する魔方陣の積を利用して，それ以外の次数の魔方陣も存在することを示す．

▍4.1
▍魔方陣の積

定義 4.1.1（**魔方陣の積**） p 次魔方陣 (a_{ij}) と q 次魔方陣 (b_{kl}) の**積**を，p 次魔方陣の (i,j) 成分の場所に q 次魔方陣の (k,l) 成分 b_{kl} を $b_{kl} + a_{ij}q^2$ に置き換えた方陣をはめ込んだものとして定める．

$(b_{kl} + a_{00}q^2)$	$\cdots$	$(b_{kl} + a_{0,p-1}q^2)$
$\vdots$		$\vdots$
$(b_{kl} + a_{p-1,0}q^2)$	$\cdots$	$(b_{kl} + a_{p-1,p-1}q^2)$

$\Box$

上記の積は通常はテンソル積と呼ばれているが，ここでは簡単に積と呼ぶことにする．魔方陣の積の定義はわかりにくいかもしれないので，例を挙げておく．

例 4.1.2 (1.1) の三番目の3次魔方陣と (2.8) の4次魔方陣

3	8	1
2	4	6
7	0	5

0	11	13	6
5	14	8	3
10	1	7	12
15	4	2	9

の積を考える．3 次魔方陣の $(0,0)$ 成分にはめ込む方陣は，定義 4.1.1 の定め方より

$$
\begin{array}{|c|c|c|c|}
\hline
0+3\cdot4^2 & 11+3\cdot4^2 & 13+3\cdot4^2 & 6+3\cdot4^2 \\\hline
5+3\cdot4^2 & 14+3\cdot4^2 & 8+3\cdot4^2 & 3+3\cdot4^2 \\\hline
10+3\cdot4^2 & 1+3\cdot4^2 & 7+3\cdot4^2 & 12+3\cdot4^2 \\\hline
15+3\cdot4^2 & 4+3\cdot4^2 & 2+3\cdot4^2 & 9+3\cdot4^2 \\\hline
\end{array}
=
\begin{array}{|c|c|c|c|}
\hline
48 & 59 & 61 & 54 \\\hline
53 & 62 & 56 & 51 \\\hline
58 & 49 & 55 & 60 \\\hline
63 & 52 & 50 & 57 \\\hline
\end{array}
$$

であり，$(0,1)$ にはめ込む方陣は

$$
\begin{array}{|c|c|c|c|}
\hline
0+8\cdot4^2 & 11+8\cdot4^2 & 13+8\cdot4^2 & 6+8\cdot4^2 \\\hline
5+8\cdot4^2 & 14+8\cdot4^2 & 8+8\cdot4^2 & 3+8\cdot4^2 \\\hline
10+8\cdot4^2 & 1+8\cdot4^2 & 7+8\cdot4^2 & 12+8\cdot4^2 \\\hline
15+8\cdot4^2 & 4+8\cdot4^2 & 2+8\cdot4^2 & 9+8\cdot4^2 \\\hline
\end{array}
=
\begin{array}{|c|c|c|c|}
\hline
128 & 139 & 141 & 134 \\\hline
133 & 142 & 136 & 131 \\\hline
138 & 129 & 135 & 140 \\\hline
143 & 132 & 130 & 137 \\\hline
\end{array}
$$

である．同様にすべての成分にはめ込む方陣を求めてまとめると

48	59	61	54	128	139	141	134	16	27	29	22
53	62	56	51	133	142	136	131	21	30	24	19
58	49	55	60	138	129	135	140	26	17	23	28
63	52	50	57	143	132	130	137	31	20	18	25
32	43	45	38	64	75	77	70	96	107	109	102
37	46	40	35	69	78	72	67	101	110	104	99
42	33	39	44	74	65	71	76	106	97	103	108
47	36	34	41	79	68	66	73	111	100	98	105
112	123	125	118	0	11	13	6	80	91	93	86
117	126	120	115	5	14	8	3	85	94	88	83
122	113	119	124	10	1	7	12	90	81	87	92
127	116	114	121	15	4	2	9	95	84	82	89

となる．これは 12 次魔方陣になることがわかる．もとの 3 次魔方陣と 4 次魔方陣はどちらも対角魔方陣であり，これらの積の 12 次魔方陣も対角魔方陣であることもわかる．   ◁

より一般的に二つの魔方陣の積は魔方陣になることがわかる．

定理 4.1.3 二つの魔方陣の積は魔方陣である．二つの対角魔方陣の積は対角魔方陣である．二つの完全魔方陣の積は完全魔方陣である．   □

《証明》 p 次魔方陣 (a_{ij}) と q 次魔方陣 (b_{kl}) の積について考える．定義より積は pq 次方陣である．

まず積の方陣のマス目に入る数は 0 から $p^2 q^2 - 1$ の整数であることを証明する．p 次魔方陣の (i, j) 成分が $a_{ij} = 0$ の場所にはめ込む方陣には整数 $b_{kl} + 0 \cdot q^2 = b_{kl}$ $(k, l = 0, \ldots, q)$ が入るので，0 から $q^2 - 1$ までの整数が入ることになる．p 次魔方陣の (i, j) 成分が $a_{ij} = 1$ の場所にはめ込む方陣には整数 $b_{kl} + 1 \cdot q^2 = b_{kl} + q^2$ $(k, l = 0, \ldots, q)$ が入るので，q^2 から $2q^2 - 1$ までの整数が入ることになる．この考察を続けると最後には (i, j) 成分が $a_{ij} = p^2 - 1$ の場所にはめ込む方陣には整数 $b_{kl} + (p^2 - 1) \cdot q^2$ $(k, l = 0, \ldots, q)$ が入るので，$(p^2 - 1) \cdot q^2$ から $q^2 - 1 + (p^2 - 1) \cdot q^2 = p^2 q^2 - 1$ までの整数が入ることになる．したがって，積の方陣のマス目には 0 から $p^2 q^2 - 1$ の整数が入ることがわかる．

積の方陣の行の和と列の和が一定値になることを証明する．一般に r 次魔方陣の各行各列の定和を $S(r)$ で表す．積は pq 次方陣なので，行番号は $0 \leq u \leq p - 1$ と $0 \leq v \leq q - 1$ によって $uq + v$ と表せる．積のこの行は p 次魔方陣 (a_{ij}) の $(u, 0), (u, 1), \ldots, (u, p-1)$ のマス目に q 次方陣 $(b_{kl} + a_{u0}q^2), (b_{kl} + a_{u1}q^2), \ldots, (b_{kl} + a_{u,p-1}q^2)$ をはめ込んだときの v 行目になる．よってそれらの和は

$$\sum_{l=0}^{q-1}(b_{vl} + a_{u0}q^2) + \sum_{l=0}^{q-1}(b_{vl} + a_{u1}q^2) + \cdots + \sum_{l=0}^{q-1}(b_{vl} + a_{u,p-1}q^2)$$

$$= (S(q) + a_{u0}q^3) + (S(q) + a_{u1}q^3) + \cdots + (S(q) + a_{u,p-1}q^3)$$

$$= pS(q) + S(p)q^3$$

であり，u と v に依存しない一定値である．行の場合と同様に列番号は $0 \leq u \leq p-1$ と $0 \leq v \leq q-1$ によって $uq+v$ と表せる．積のこの列は p 次魔方陣 (a_{ij}) の $(0,u),(1,u),\ldots,(p-1,u)$ のマス目に q 次方陣 $(b_{kl}+a_{0u}q^2),(b_{kl}+a_{1u}q^2),\ldots,(b_{kl}+a_{p-1,u}q^2)$ をはめ込んだときの v 列目になる．よってそれらの和は

$$\sum_{k=0}^{q-1}(b_{kv}+a_{0u}q^2) + \sum_{k=0}^{q-1}(b_{kv}+a_{1u}q^2) + \cdots + \sum_{k=0}^{q-1}(b_{kv}+a_{p-1,u}q^2)$$
$$= (S(q)+a_{0u}q^3) + (S(q)+a_{1u}q^3) + \cdots + (S(q)+a_{p-1,u}q^3)$$
$$= pS(q) + S(p)q^3$$

であり，u と v に依存しない一定値である．これは行の和の一定値に一致し，二つの魔方陣の積は魔方陣になることがわかる．

証明に必要なわけではないが，上の計算で得られた $pS(q)+S(p)q^3$ が pq 次魔方陣の定和であることを確認しておこう．定理 1.1.1 より

$$pS(q) + S(p)q^3 = p \cdot \frac{1}{2}(q-1)q(q+1) + \frac{1}{2}(p-1)p(p+1)q^3$$
$$= \frac{1}{2}pq\{(q-1)(q+1) + (p-1)(p+1)q^2\}$$
$$= \frac{1}{2}pq(q^2-1 + p^2q^2 - q^2)$$
$$= \frac{1}{2}pq(pq-1)(pq+1)$$
$$= S(pq)$$

となり，$pS(q)+S(p)q^3$ は pq 次魔方陣の定和である．

二つの魔方陣が対角魔方陣であると仮定する．p 次魔方陣 (a_{ij}) の左上から右下への対角線は (i,i)，$i=0,1,\ldots,p-1$ で表せ，q 次魔方陣 (b_{kl}) の左上から右下への対角線は (k,k)，$k=0,1,\ldots,q-1$ で表せる．これらが対角魔方陣であるという仮定から

$$\sum_{i=0}^{p-1} a_{ii} = S(p), \qquad \sum_{k=0}^{q-1} b_{kk} = S(q)$$

が成り立つ. 積の方陣の左上から右下への対角線は, p 次魔方陣 (a_{ij}) の $(0,0),(1,1),\ldots,(p-1,p-1)$ のマス目に q 次方陣 $(b_{kl}+a_{00}q^2),(b_{kl}+a_{11}q^2),\ldots,(b_{kl}+a_{p-1,p-1}q^2)$ をはめ込んだときのそれぞれの q 次方陣の左上から右下への対角線を合わせたものになる. よってそれらの和は

$$\sum_{k=0}^{q-1}(b_{kk}+a_{00}q^2)+\sum_{k=0}^{q-1}(b_{kk}+a_{11}q^2)+\cdots+\sum_{k=0}^{q-1}(b_{kk}+a_{p-1,p-1}q^2)$$
$$=(S(q)+a_{00}q^3)+(S(q)+a_{11}q^3)+\cdots+(S(q)+a_{p-1,p-1}q^3)$$
$$=pS(q)+S(p)q^3$$

であり, 行と列の定和と一致する.

p 次魔方陣 (a_{ij}) の右上から左下への対角線は $(i,p-i-1),\, i=0,1,\ldots,p-1$ で表せ, q 次方陣 (b_{kl}) の右上から左下への対角線は $(k,q-k-1),\, k=0,1,\ldots,q-1$ で表せる. これらが対角魔方陣であるという仮定から

$$\sum_{i=0}^{p-1}a_{i,p-i-1}=S(p),\qquad \sum_{k=0}^{q-1}b_{k,q-k-1}=S(q)$$

が成り立つ. 積の方陣の右上から左下への対角線は, p 次魔方陣 (a_{ij}) の $(0,p-1),(1,p-2),\ldots,(p-1,0)$ のマス目に q 次方陣 $(b_{kl}+a_{0,p-1}q^2),(b_{kl}+a_{1,p-2}q^2),\ldots,(b_{kl}+a_{p-1,0}q^2)$ をはめ込んだときのそれぞれの q 次方陣の右上から左下への対角線を合わせたものになる. よってそれらの和は

$$\sum_{k=0}^{q-1}(b_{k,q-k-1}+a_{0,p-1}q^2)+\sum_{k=0}^{q-1}(b_{k,q-k-1}+a_{1,p-2}q^2)+\cdots$$
$$+\sum_{k=0}^{q-1}(b_{k,q-k-1}+a_{p-1,0}q^2)$$
$$=(S(q)+a_{0,p-1}q^3)+(S(q)+a_{1,p-2}q^3)+\cdots+(S(q)+a_{p-1,0}q^3)$$
$$=pS(q)+S(p)q^3$$

であり, 行と列の定和と一致する. したがって, 二つの対角魔方陣の積は対角魔方陣になることがわかる.

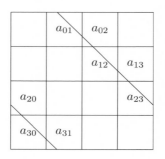

　二つの魔方陣が完全魔方陣であると仮定する．魔方陣や対角魔方陣の場合の証明と同様に方陣の成分を明示すると，完全魔方陣の場合は数式が煩雑になるので，上の図を参照しながら証明を進めることにする．図は $p = 4$ の場合の例である．図に描いた左上から右下への対角線に平行な直線における二つの魔方陣の積の成分 $b_{kl} + a_{ij}q^2$ の和を考える．この和は b_{kl} の部分と $a_{ij}q^2$ の部分に分けて計算する．二つの魔方陣の積の左上から右下への対角線に平行な直線は，q 次魔方陣の左上から右下への対角線に平行な直線を p 個集めたものになっているので，b_{kl} の部分の和は $pS(q)$ になる．$a_{ij}q^2$ の部分の和を考えるときには，場所によって a_{ij} の値が異なることに注意する．

　図の $a_{01}, a_{12}, a_{23}, a_{30}$ の部分における問題の直線のマス目の個数はすべて同じ値になり，それを v とすると $0 \leq v \leq q$ であり，$a_{ij}q^2$ の和は

$$v(a_{01} + a_{12} + a_{23} + a_{30})q^2 = vS(4)q^2$$

である．一般の p の場合は $vS(p)q^2$ である．

　図の $a_{02}, a_{13}, a_{20}, a_{31}$ の部分における問題の直線のマス目の個数はすべて $q - v$ になり，$a_{ij}q^2$ の和は

$$(q-v)(a_{02} + a_{13} + a_{20} + a_{31})q^2 = (q-v)S(4)q^2$$

である．一般の p の場合は $(q-v)S(p)q^2$ である．したがって，問題の直線における $a_{ij}q^2$ の和は $vS(4)q^2 + (q-v)S(4)q^2 = S(4)q^3$ である．一般の p の場合は $vS(p)q^2 + (q-v)S(p)q^2 = S(p)q^3$ である．以上より，問題の直線における二つの魔方陣の積の成分 $b_{kl} + a_{ij}q^2$ の和は定和 $pS(q) + S(p)q^3$ に一致する．

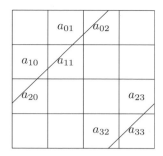

　次に図に描いた右上から左下への対角線に平行な直線における二つの魔方陣の積の成分 $b_{kl} + a_{ij}q^2$ の和を考える．この和は b_{kl} の部分と $a_{ij}q^2$ の部分に分けて計算する．二つの魔方陣の積の右上から左下への対角線に平行な直線は，q 次魔方陣の右上から左下への対角線に平行な直線を p 個集めたものになっているので，b_{kl} の部分の和は $pS(q)$ になる．$a_{ij}q^2$ の部分の和を考えるときには，場所によって a_{ij} の値が異なることに注意する．

　図の $a_{01}, a_{10}, a_{23}, a_{32}$ の部分における問題の直線のマス目の個数はすべて同じ値になり，それを v とすると $0 \le v \le q$ であり，$a_{ij}q^2$ の和は

$$v(a_{01} + a_{10} + a_{23} + a_{32})q^2 = vS(4)q^2$$

である．一般の p の場合は $vS(p)q^2$ である．

　図の $a_{02}, a_{11}, a_{20}, a_{33}$ の部分における問題の直線のマス目の個数はすべて $q - v$ になり，$a_{ij}q^2$ の和は

$$(q - v)(a_{02} + a_{11} + a_{20} + a_{33})q^2 = (q - v)S(4)q^2$$

である．一般の p の場合は $(q - v)S(p)q^2$ である．したがって，問題の直線における $a_{ij}q^2$ の和は $vS(4)q^2 + (q - v)S(4)q^2 = S(4)q^3$ である．一般の p の場合は $vS(p)q^2 + (q - v)S(p)q^2 = S(p)q^3$ である．以上より，問題の直線における二つの魔方陣の積の成分 $b_{kl} + a_{ij}q^2$ の和は定和 $pS(q) + S(p)q^3$ に一致する．

　どちらの方向の対角線に平行な直線における成分の和も定和に一致するので，二つの完全魔方陣の積は完全魔方陣になる．　∎

4.2
魔方陣の存在

この節では自然数 n に対して n 次魔方陣が存在するかどうかについて考える. 2 次魔方陣が存在しないことは 1.1 節で示したので, $n \geq 3$ の場合を考えればよい.

n が奇数のとき, オイラー方陣が存在し, n 次魔方陣も存在することは定理 1.4.2 よりわかる. これより, 偶数次の魔方陣が存在するかどうかが問題になる. 偶数 n は

$$n = 2^a b \qquad (a \geq 1, \, b : 奇数)$$

と表すことができる. $a \geq 2$ ならば, 有限体 $\mathbb{F}_{2^a}$ の 1 次関数から 2^a 次魔方陣を構成でき, 定理 4.1.3 を利用すると, b 次魔方陣との積から $n = 2^a b$ 次魔方陣を構成できる. 以上より $a = 1$ の場合が残る. すなわち奇数 b に対して $2b$ 次の魔方陣が存在するかという問題が残る. b は奇数だから $b = 2c + 1$ と表すことができ, $n = 4c + 2$ となる.

オイラーは 1782 年に $n = 4c + 2$ を次数にもつオイラー方陣は存在しないことを予想した. 1900 年頃に G. Tarry は 6 次オイラー方陣が存在しないことを証明した. その後, このオイラーの問題は長い間解かれていなかったが, 1959 年に R. C. Bose, S. S. Shrikhande と E. T. Parker によって, $n = 4c + 2 \geq 10$ の場合にはオイラー方陣は存在するという形で解決された. これより, 3 次以上の魔方陣は 6 次以外では存在することがわかる. 6 次オイラー方陣は存在しないが, これだけでは 6 次魔方陣が存在しないかどうかはわからない. 実は次に示すように 6 次魔方陣は存在する.

0	1	2	33	34	35
30	31	14	3	22	5
29	28	27	8	7	6
11	10	9	26	25	24
23	19	21	20	4	18
12	16	32	15	13	17

これは対角魔方陣にもなっている. ここではこれ以上立ち入らないが, 6 次対

角魔方陣は多数存在することが知られている.

問題 4.2.1 上の 6 次魔方陣が対角魔方陣であることを確認せよ.

以上の考察より，次の定理を得る.

定理 4.2.2 $n \geq 3$ に対して n 次魔方陣は存在する. □

上の 6 次対角魔方陣は完全魔方陣ではない．実は 6 次完全魔方陣は存在しない．さらに，この主張を含む次の定理が成り立つ.

定理 4.2.3 4 で割った余りが 2 の自然数 n に対して，n 次完全魔方陣は存在しない. □

《証明》 n 次完全魔方陣 (a_{ij}) が存在すると仮定して矛盾を導く．(a_{ij}) の偶数番号の行と偶数番号の列の成分をすべて加えると，行番号と列番号がともに偶数の成分は 2 回加え，行番号と列番号の一つが偶数であり一つが奇数である成分は 1 回加えることになる．$n = 10$ の場合は次のような成分の和を考えていることになる.

a_{00}	a_{01}	a_{02}	a_{03}	a_{04}	a_{05}	a_{06}	a_{07}	a_{08}	a_{09}
a_{10}		a_{12}		a_{14}		a_{16}		a_{18}	
a_{20}	a_{21}	a_{22}	a_{23}	a_{24}	a_{25}	a_{26}	a_{27}	a_{28}	a_{29}
a_{30}		a_{32}		a_{34}		a_{36}		a_{38}	
a_{40}	a_{41}	a_{42}	a_{43}	a_{44}	a_{45}	a_{46}	a_{47}	a_{48}	a_{49}
a_{50}		a_{52}		a_{54}		a_{56}		a_{58}	
a_{60}	a_{61}	a_{62}	a_{63}	a_{64}	a_{65}	a_{66}	a_{67}	a_{68}	a_{69}
a_{70}		a_{72}		a_{74}		a_{76}		a_{78}	
a_{80}	a_{81}	a_{82}	a_{83}	a_{84}	a_{85}	a_{86}	a_{87}	a_{88}	a_{89}
a_{90}		a_{92}		a_{94}		a_{96}		a_{98}	

i と j の一つが偶数であり一つが奇数であることは，$i + j$ が奇数であることと同値である．n は偶数なので，剰余環 $\mathbb{Z}_n$ の元の偶奇を代表元の偶奇によって定めることができる．すると，$i + j$ が整数として奇数であることは $i + j$ が

$\mathbb{Z}_n$ の元として奇数であることと同値である．偶数番号の行は $(n/2)$ 個あり偶数番号の列も $(n/2)$ 個あるので，偶数番号の行の成分と偶数番号の列の成分をすべて加えると，$\frac{n}{2}S(n) + \frac{n}{2}S(n) = nS(n)$ になり，これは成分 $a_{i,j}$ の i, j がともに偶数のものを 2 回加え，i, j の一方が奇数で他方が偶数のものを 1 回加えていることになる．つまり，

$$nS(n) = \sum_{i:\text{偶数}}\sum_{j=0}^{n-1} a_{i,j} + \sum_{j:\text{偶数}}\sum_{i=0}^{n-1} a_{i,j} = 2\sum_{i,j:\text{偶数}} a_{i,j} + \sum_{i+j:\text{奇数}} a_{i,j}$$
$$= 2\sum_{i,j:\text{偶数}} a_{i,j} + \sum_{p:\text{奇数}}\sum_{i+j=p} a_{i,j}$$

となる．

ここで，一つの p に対する $\sum_{i+j=p} a_{i,j}$ は右上から左下への対角線に平行な直線における成分の和なので，完全魔方陣という仮定からこれは p に依存せず定和 $S(n)$ に等しい．定理の仮定より，ある自然数 m が存在して $n = 4m + 2$ と書ける．すると，$\{p \in \mathbb{Z}_n \mid p:\text{奇数}\}$ の元の個数は $(2m + 1)$ 個であることから，上の等式は

$$(4m + 2)S(n) = 2\sum_{i,j:\text{偶数}} a_{i,j} + (2m + 1)S(n)$$

すなわち

$$(2m + 1)S(n) = 2\sum_{i,j:\text{偶数}} a_{i,j}$$

となる．ところが，定理 1.1.1 より $S(n)$ は奇数だから $(2m+1)S(n)$ も奇数であり，上の等式の右辺は偶数なので矛盾が起きる．以上より，n 次完全魔方陣は存在しないことがわかる．　∎

問題 4.2.4　3 を素因数にもたない奇数と 4 の積 n に対して，n 次完全魔方陣は存在することを示せ．

第 **5** 章

アフィン平面から魔方陣へ

この章では，アフィン平面と呼ばれている幾何学的対象を利用して魔方陣を構成する．最初の節では体から定まるアフィン平面を扱う．これは座標平面の一般化であり，点と直線が定まる．この点と直線の基本的性質を抽出して定めた概念が，抽象的なアフィン平面である．アフィン平面の点と直線の関係からラテン方陣とオイラー方陣を構成し，魔方陣を作ることができる．

5.1
体上のアフィン平面

定義 5.1.1 F を体とする．集合としての積

$$F^2 = F \times F = \{(x, y) \mid x, y \in F\}$$

を体 F 上の**アフィン平面**と呼ぶ． □

F が実数 $\mathbb{R}$ の場合，$\mathbb{R}^2$ は高校数学でも学ぶ座標平面と同じものである．F が $\mathbb{F}_2$ の場合，

$$\mathbb{F}_2^2 = \{(0, 0), (1, 0), (0, 1), (1, 1)\}$$

は 4 個の点からなる有限集合である．

体 F と自然数 n に対して積集合

$$F^n = \{(x_1, \ldots, x_n) \mid x_i \in F\}$$

を考えることができ，実数 $\mathbb{R}$ や複素数 $\mathbb{C}$ の場合と同様に体 F 上の線形代数を F^n で展開できる．F の元を係数にもつ連立 1 次方程式や行列式の議論も実数や複素数の場合と同様に行うことができる．

定義 5.1.2　体 F の元 a, b, c をとる．ただし，a, b の少なくとも一方は 0 ではないと仮定する．このとき，F 上のアフィン平面 F^2 の部分集合

$$\{(x, y) \in F^2 \mid a \cdot x + b \cdot y + c = 0\}$$

を**直線**と呼ぶ．　　　　　　　　　　　　　　　　　　　　　　　□

　F が実数 $\mathbb{R}$ の場合，上で定義した直線は高校数学で学ぶ座標平面 $\mathbb{R}^2$ の直線と同じものである．F が $\mathbb{F}_2$ の場合，直線は以下の 6 個である．

$$\{(x, y) \in \mathbb{F}_2^2 \mid 1 \cdot x + 0 \cdot y + 0 = 0\} = \{(0,0), (0,1)\},$$
$$\{(x, y) \in \mathbb{F}_2^2 \mid 1 \cdot x + 0 \cdot y + 1 = 0\} = \{(1,0), (1,1)\},$$
$$\{(x, y) \in \mathbb{F}_2^2 \mid 0 \cdot x + 1 \cdot y + 0 = 0\} = \{(0,0), (1,0)\},$$
$$\{(x, y) \in \mathbb{F}_2^2 \mid 0 \cdot x + 1 \cdot y + 1 = 0\} = \{(0,1), (1,1)\},$$
$$\{(x, y) \in \mathbb{F}_2^2 \mid 1 \cdot x + 1 \cdot y + 0 = 0\} = \{(0,0), (1,1)\},$$
$$\{(x, y) \in \mathbb{F}_2^2 \mid 1 \cdot x + 1 \cdot y + 1 = 0\} = \{(0,1), (1,0)\}.$$

$\mathbb{F}_2^2$ の直線の全体には，$\mathbb{F}_2^2$ の四点から二点を選ぶすべての組合せが現れている．これは個数[1]が

$$6 = \binom{4}{2}$$

であることからもわかる．

　座標平面 $\mathbb{R}^2$ の点と直線については，平面幾何学でお馴染みの次の主張が成り立つ．

(1) 異なる二点 p, q に対して，p と q を含む直線がただ一つ存在する．

(2) 直線 l と点 p に対して，p を含み l と平行な直線がただ一つ存在する．

---

[1] 4 個から 2 個をとる組合せの総数．高校数学では ${}_4C_2$ と書く．

(3) 一つの直線に含まれない三点が存在する.

これらの座標平面の点と直線の性質は一般の体上のアフィン平面の点と直線の性質に拡張できる. そのためには, 体上のアフィン平面の二つの直線が平行であることを定義しておく必要がある.

定義 5.1.3　　体上のアフィン平面の二つの直線が一致するかまたは交わらないとき, これら二つの直線は**平行**であるという. □

定理 5.1.4　　体上のアフィン平面の点と直線について次が成り立つ.

(1) 異なる二点 p, q に対して, p と q を含む直線がただ一つ存在する.
(2) 直線 l と点 p に対して, p を含み l と平行な直線がただ一つ存在する.
(3) 一つの直線に含まれない三点が存在する. □

《**証明**》　アフィン平面を定める体を F とする.

(1) 異なる二点を $p = (x_0, y_0), q = (x_1, y_1)$ とする.

$$(y_0 - y_1)x + (x_1 - x_0)y + (x_0 y_1 - y_0 x_1) = 0 \qquad (5.1)$$

の定める直線は (x_0, y_0) と (x_1, y_1) を含むことを確かめる. (x_0, y_0) と (x_1, y_1) は異なるため, $x_0 \neq x_1$ または $y_0 \neq y_1$ が成り立ち, 上記の 1 次式 (5.1) の x と y の係数の少なくとも一方は 0 ではない. したがって, (5.1) はアフィン平面 F^2 の直線を定める. (5.1) の左辺に $(x, y) = (x_0, y_0)$ と $(x, y) = (x_1, y_1)$ を代入する.

$$(y_0 - y_1)x_0 + (x_1 - x_0)y_0 + (x_0 y_1 - y_0 x_1)$$
$$= x_0 y_0 - x_0 y_1 + x_1 y_0 - x_0 y_0 + x_0 y_1 - x_1 y_0 = 0,$$
$$(y_0 - y_1)x_1 + (x_1 - x_0)y_1 + (x_0 y_1 - y_0 x_1)$$
$$= x_1 y_0 - x_1 y_1 + x_1 y_1 - x_0 y_1 + x_0 y_1 - x_1 y_0 = 0.$$

これらより (5.1) の定める直線は $p = (x_0, y_0)$ と $q = (x_1, y_1)$ を含むことがわかる.

次に (x_0, y_0) と (x_1, y_1) を含む直線は (5.1) の定める直線に限ることを示す.

$$ax + by + c = 0$$

が定める直線は (x_0, y_0) と (x_1, y_1) を含むと仮定する. すると

$$ax_0 + by_0 + c = 0, \quad ax_1 + by_1 + c = 0$$

が成り立つ. これらの差をとると

$$a(x_1 - x_0) + b(y_1 - y_0) = 0 \tag{5.2}$$

を得る. $x_1 - x_0 = 0$ の場合, $y_1 - y_0 \neq 0$ が成り立ち, $b = 0$ である. よって

$$(a, b) = (a, 0) = a(y_0 - y_1)^{-1}(y_0 - y_1, x_1 - x_0)$$

が成り立つ. $x_1 - x_0 \neq 0$ の場合, (5.2) の左辺の第二項を右辺に移項し, 両辺に $(x_1 - x_0)^{-1}$ をかけると

$$a = b(y_0 - y_1)(x_1 - x_0)^{-1}$$

を得る. よって,

$$(a, b) = (b(y_0 - y_1)(x_1 - x_0)^{-1}, b) = b(x_1 - x_0)^{-1}(y_0 - y_1, x_1 - x_0)$$

が成り立つ. どちらの場合もある $k \in F - \{0\}$ によって

$$(a, b) = k(y_0 - y_1, x_1 - x_0)$$

が成り立つ. このとき,

$$k(y_0 - y_1)x_0 + k(x_1 - x_0)y_0 + c = 0$$

となって

$$c = -k(y_0 - y_1)x_0 - k(x_1 - x_0)y_0 = k(x_0 y_1 - x_1 y_0)$$

が成り立つ. 以上より (x_0, y_0) と (x_1, y_1) を含む直線は

$$k(y_0 - y_1)x_0 + k(x_1 - x_0)y_0 + k(x_0 y_1 - x_1 y_0) = 0$$

によって定まることがわかる. これは (5.1) の定める直線に一致する. したがって, (x_0, y_0) と (x_1, y_1) を含む直線は一意的である.

☑ **注意 5.1.5** 上の証明では直線を定める (5.1) を天下りに与えた. F の元を成分にもつ行列式を利用するとこれは以下のように導くことができる. (x_0, y_0) と (x_1, y_1) を含む直線は存在するならば, その直線を定める 1 次式

$$ax + by + c = 0 \tag{5.3}$$

の係数 a, b, c は

$$ax_0 + by_0 + c = 0, \quad ax_1 + by_1 + c = 0$$

を満たす. さらに (5.3) が定める直線の任意の点 (x, y) はもちろん (5.3) を満たす. これら三つの等式

$$xa + yb + c = 0,$$
$$x_0 a + y_0 b + c = 0,$$
$$x_1 a + y_1 b + c = 0$$

を a, b, c に関する連立 1 次方程式と考えると, a, b の少なくとも一方は 0 ではない解が存在することになる. よって, 上の a, b, c に関する連立 1 次方程式の係数の作る行列式は

$$\begin{vmatrix} x & y & 1 \\ x_0 & y_0 & 1 \\ x_1 & y_1 & 1 \end{vmatrix} = 0$$

を満たす. この行列式を展開すると (5.1) が現れる.

定理 5.1.4 の証明に戻る.

(2) p が l に含まれる場合, p を含み l と平行な直線は l だけである. そこで, p が l に含まれない場合を考える.

$$ax + by + c = 0$$

が l を定めているとする. $p = (x_0, y_0)$ とおくと, p が l に含まれていないことから

$$ax_0 + by_0 + c \neq 0$$

が成り立つ. そこで,

$$ax + by - ax_0 - by_0 = 0$$

が定める直線を l_0 とする. 定め方より l_0 は (x_0, y_0) を含む. さらに l_0 は l と交わらないことを示そう. もし交点 (x_1, y_1) が存在すれば,

$$ax_1 + by_1 - ax_0 - by_0 = 0 = ax_1 + by_1 + c$$

が成り立つ. これより

$$ax_0 + by_0 + c = 0$$

となり矛盾. したがって, l_0 は l と交わらず, 平行である.

　次に

$$\alpha x + \beta y + \gamma = 0$$

が定める直線 l_1 も p を含み l と平行になるとする. l_1 が p を含むことから

$$\alpha x_0 + \beta y_0 + \gamma = 0$$

が成り立つ. 他方, l と l_1 は平行であり等しくないため, x, y に関する連立 1 次方程式

$$ax + by + c = 0,$$
$$\alpha x + \beta y + \gamma = 0$$

は解をもたない. よって, 連立 1 次方程式の性質より x, y の係数の行列式は

$$\begin{vmatrix} a & b \\ \alpha & \beta \end{vmatrix} = 0$$

を満たす. これは, (a, b) と (α, β) は F 上線形従属であることを意味する. どちらも零ベクトルではないので, ある $k \in F - \{0\}$ が存在して

$$(\alpha, \beta) = k(a, b)$$

が成り立つ. これより

$$kax_0 + kby_0 + \gamma = \alpha x_0 + \beta y_0 + \gamma = 0$$

となり, $\gamma = -kax_0 - kby_0$ を得る. l_1 は

$$kax + kby - kax_0 - kby_0 = 0$$

により定まるので, これは l_0 に一致する. 以上より p を含み l に平行な直線は一意的である.

(3) 体 F は加法の単位元 0 と乗法の単位元 1 をもち, これらは異なる. アフィン平面の二点 $(0,0)$ と $(0,1)$ は,

$$1x + 0y + 0 = 0$$

が定める直線に含まれる. (1) より, これら二点を含む直線は, この直線だけである. $(1,0)$ は上の直線には含まれない. したがって, 三点 $(0,0),(0,1),(1,0)$ は一つの直線には含まれない. ■

5.2 アフィン平面の公理的扱い

前節では, 体からアフィン平面とそこでの直線を定め, アフィン平面の点と直線の性質を扱った. この節では前節の定理 5.1.4 の性質を満たす集合の中の部分集合の集まりについて考え, これを体上のアフィン平面の幾何学の一般化として扱う.

定義 5.2.1 集合 A の部分集合の集まり $L(A)$ が次の条件を満たすとき, A を**アフィン平面**と呼び, A の各元を**点**, $L(A)$ の各元を A の**直線**と呼ぶ.

(1) A の異なる二点 p,q に対して, p と q を含む $L(A)$ の元がただ一つ存在する.
(2) $L(A)$ の元 l と A の点 p に対して, l に一致するかまたは l と共通部分をもたない $L(A)$ の元であって p を含むものがただ一つ存在する.
(3) $L(A)$ の一つの元に含まれない A の三点が存在する. □

定義 5.2.2 アフィン平面の二つの直線が一致するかまたは交わらないとき，これら二つの直線は**平行**であるという． □

定義 5.2.1 の (2) は「平行」という概念を使うと，「$L(A)$ の元 l と A の点 p に対して，l と平行な $L(A)$ の元であって p を含むものがただ一つ存在する」と言い換えることができる．

定理 5.1.4 より，体上のアフィン平面はこの節で定義したアフィン平面である．アフィン平面の直線やその平行性の定義についても矛盾はない．アフィン平面の異なる二点 p, q を含む直線はただ一つ存在するので，今後その直線を pq と書くことにする．

命題 5.2.3 アフィン平面の二つの直線について次のいずれか一つが成り立つ．

(1) 二つの直線は等しい．

(2) 二つの直線は一点で交わる．

(3) 二つの直線は交わらない． □

《証明》 (3) を否定した場合，すなわち，二つの直線が交わる場合には，二つの直線は等しいかまたは一点で交わることを示せばよい．二つの直線が二点以上で交われば，定義 5.2.1 の (1) より二つの直線は一致する． ■

命題 5.2.4 アフィン平面の二つの直線が平行であるという関係は同値関係である． □

《証明》 推移律を証明すればよい．直線 l_0 は直線 l_1 に平行であり，直線 l_1 は直線 l_2 に平行であると仮定する．l_0 と l_2 が交わらなければ平行になる．そこで，l_0 と l_2 が交わる場合を考える．l_0 と l_2 の交点を p とする．l_0 は p を含み l_1 と平行である．l_2 も p を含み l_1 と平行である．定義 5.2.1 の (2) より l_0 と l_2 は一致する．特に l_0 と l_2 は平行である． ■

命題 5.2.5 アフィン平面の一つの直線には含まれない三点に対して，一点を付け加えその中のどの三点も一つの直線には含まれないようにできる． □

《証明》 一つの直線に含まれない三点を p, q, r とする. 定義 5.2.1 の (2) より p を含み直線 qr と平行な直線 l が存在する. 同様に r を含み直線 pq に平行な直線 m が存在する. このとき, l と m は平行ではないことを示す. もし l と m が平行ならば, l は qr と平行であり m は pq と平行だから, 命題 5.2.4 より qr と pq は平行になる. これらは q で交わるので一致することになる. よって, p, q, r は一つの直線 $pq = qr$ に含まれ, p, q, r のとり方に矛盾する. したがって, l と m は平行ではない. 命題 5.2.3 より l と m は一点 s で交わる. s は pq に含まれず, qr にも含まれない. よって, p, q, r, s は異なる四点になる. 最初の定め方より p, q, r は一つの直線には含まれない. q, r, s は一つの直線には含まれない. p, q, s も一つの直線には含まれない. 最後に p, r, s も一つの直線には含まれないことを示す. もし p, r, s が一つの直線に含まれるとすると, この直線は l に一致する. これは l と qr が点 r で交わることになり, l と qr が平行であることに反する. 以上より p, q, r, s の中のどの三点も一つの直線には含まれない. ∎

系 5.2.6 アフィン平面にはある四点が存在して, その中のどの三点も一つの直線には含まれない. □

《証明》 定義 5.2.1 の (3) より一つの直線に含まれない三点 p, q, r が存在する. これに命題 5.2.5 を適用すればよい. ∎

命題 5.2.7 アフィン平面のどの直線も二つ以上の点を含む. □

《証明》 アフィン平面の任意の直線 l をとる. 系 5.2.6 の四点を p, q, r, s とする. l がこれらのうちの二点を含めば証明は終わるので, p, q, r, s のうち高々一点を含む場合を考える. l が p, q, r を含まないと仮定してよい. p, q, r は一つの直線には含まれないので, pq, qr, rp のどの二つも平行ではない. よってこれらのうちで l と平行になるものは高々一つである. そこで, l と平行ではないものを m, n とする. l と m の交点を a とし, l と n の交点を b とする. m と n は l に含まれない点を交点にもつので, もし a と b が一致するならば m と n は異なる二点で交わることになり, m と n は一致する. これは定め方に反するので, a と b は等しくない. したがって, l は二点を含む. ∎

命題 5.2.8 　一つのアフィン平面のどの二つの直線の間にも全単射が存在する. □

《証明》 　二つの直線を l, m とする. まず, l, m が平行な場合を考える. $l = m$ のときは証明することはないので, l と m が異なる場合を考えればよい. l の点 p と m の点 q をとる. 直線 pq と l は平行ではない. もし平行なら pq と l は一致し, l と m も一致することになり, 設定に矛盾する. 同様に pq と m も平行ではない. p, q を利用して, 全単射 $\phi : l \to m$ を構成する. l の点 x に対して x を含み直線 pq と平行な直線 n をとる. pq と m は平行ではないので, 命題 5.2.4 より m と n も平行ではない. 命題 5.2.3 より m と n は一点で交わる. この交点を $\phi(x)$ とする. m の点に対して ϕ の構成法と同様の議論を行えば, l の点が定まり ϕ の逆写像を定めることがわかる. したがって, ϕ は全単射である.

次に, l, m が平行ではない場合を考える. このときは, 命題 5.2.3 の (2) が成り立ち, l, m は一点で交わる. l, m の交点を r で表す. 命題 5.2.7 より l は r 以外の点 p を含み, m は r 以外の点 q を含む. l, m が平行ではないことから, p, q, r は一つの直線には含まれない. この三点 p, q, r を利用して, 全単射 $\psi : l \to m$ を構成する. l の点 x に対して x を含み直線 pq と平行な直線 n をとる. pq と m は平行ではないので, 命題 5.2.4 より n と m も平行ではない. 命題 5.2.3 より n と m は一点で交わる. この交点を $\psi(x)$ とする. これにより, 写像 $\psi : l \to m$ が定まる.

m の点に対して ψ の構成法と同様の議論を行えば, l の点が定まり ψ の逆写像を定めることがわかる. したがって, ψ は全単射である. ■

定理 5.2.9 　アフィン平面 A のどの点についても, その点を含む直線は二つ以上存在する. さらに, A の平行ではない二つの直線 l, m に対して, $l \times m$ から A への次の写像は全単射になる. $l \times m \ni (p, q)$ に対して, p を含み m と平行な直線 m_p と q を含み l と平行な直線 l_q の交点を対応させる. □

《証明》 　アフィン平面の任意の点 a をとる. 系 5.2.6 よりある四点が存在して, その中のどの三点も一つの直線には含まれない. この四点のうち一つは a に一

致する可能性もあるが，a とは異なり一つの直線には含まれない三点をとることができる．その三点を p, q, r とする．定義 5.2.1 の (1) より a を含む直線は，一つは存在する．a を含む直線は一つしかないと仮定すると，ap, aq, ar はすべて同じ直線になる．これは，p, q, r を含む直線がないことに反する．したがって，a を含む直線は二つ以上ある．

l, m が平行ではないことから，m_p, l_q も平行ではない．よって，m_p, l_q は一点で交わる．この交点を $\Phi(p, q)$ で表す．以下で $\Phi : l \times m \to A$ が全単射であることを証明する．

$(p', q') \in l \times m$ が $\Phi(p', q') = \Phi(p, q)$ を満たすとする．$m_p, m_{p'}$ はともに m と平行で $\Phi(p', q') = \Phi(p, q)$ を含む．これより，$m_p = m_{p'}$ が成り立ち，$p = p'$ を得る．$l_q, l_{q'}$ はともに l と平行で $\Phi(p', q') = \Phi(p, q)$ を含む．これより，$l_q = l_{q'}$ が成り立ち，$q = q'$ を得る．以上より $(p', q') = (p, q)$ となり，写像 Φ は単射であることがわかる．

任意の $x \in A$ に対して，x を含み l と平行な直線 l' と x を含み m と平行な直線 m' をとる．l' は l と平行なので，l' は m と平行ではない．よって，l' は m とある一点 t で交わり，$l_t = l'$ となる．m' は m と平行なので，m' は l と平行ではない．よって，m' は l とある一点 s で交わり，$m_s = m'$ となる．したがって，

$$\Phi(s, t) = m_s \cap l_t = m' \cap l' = \{x\}$$

となり，Φ は全射であることがわかる．以上より，$\Phi : l \times m \to A$ は全単射である．∎

5.3 有限アフィン平面

この節では，点の個数が有限である有限アフィン平面の点や直線の個数に関する性質を扱う．

定義 5.3.1 アフィン平面の一つの直線が n 個の点からなるとき，このアフィン平面を n 次アフィン平面と呼ぶ．□

命題 5.2.8 より，n 次アフィン平面のどの直線も n 個の点からなるので，直

線の選び方に次数の定義は依存しない.

例 5.3.2　有限体 $\mathbb{F}_q$ 上のアフィン平面の次数は q である. これは, 直線

$$\{(x, y) \in \mathbb{F}_q^2 \mid 0 \cdot x + 1 \cdot y = 0\} = \{(x, 0) \mid x \in \mathbb{F}_q\}$$

の元の個数は $|\mathbb{F}_q| = q$ であることからわかる.　　　　　　　　　　　　◁

定理 5.3.3　n 次アフィン平面において以下が成り立つ.

(1) すべての点の個数は n^2 である.

(2) 一本の直線と平行な直線のすべては n 本ある.

(3) 一点を含む直線のすべては $n + 1$ 本ある.

(4) 直線のすべては $n(n + 1)$ 本である.

(5) 平行直線の同値類の個数は $n + 1$ である.　　　　　　　　　　　　□

《**証明**》　(1) アフィン平面の次数の定義および定理 5.2.9 の直線の積からアフィン平面への全単射の存在よりわかる.

(2) 一本の直線を l とする. 定理 5.2.9 より l と平行ではない直線 m が存在し, l と平行な直線とその m との交点は全単射に対応することがわかる. したがって, l 自身も含めて l と平行な直線のすべては n 本である.

(3) 一点を p とする. p と異なる点 q をとる. 直線 pq に含まれない点 r が存在する. 直線 qr は n 個の点からなる. p を含む直線は qr と平行になるか, または qr と一点で交わる. 平行な直線は一本であり, qr と一点で交わる直線はその交点で一意的に定まるので n 本ある. したがって, p を含む直線のすべては $n + 1$ 本ある.

(4) アフィン平面の一点 p をとる. p を含む直線は (3) より $n + 1$ 本である. p を含む各直線について, それと平行な直線の本数は (2) より n 本である. p を含む異なる直線に平行な直線同士は平行にはならないので, 特に等しくならない. したがって, p を含む直線に平行な直線は $n(n + 1)$ 本ある. 任意の直線に対して, この直線と平行であり p を含む直線が存在するので, この直線は上で数えた $n(n + 1)$ 本の直線のいずれかに一致する. したがって, すべての直線の個数は $n(n + 1)$ である.

(5) (4) より，直線の個数は $n(n+1)$ であり，(2) より平行直線の同値類の中には n 本の直線があるので，平行直線の同値類の個数は $n+1$ である． ■

上記の定理 5.3.3 の主張を有限体 $\mathbb{F}_q$ 上のアフィン平面 $\mathbb{F}_q^2$ の場合に直接確認してみよう．

例 5.3.4 (1) 有限体 $\mathbb{F}_q$ 上のアフィン平面 $\mathbb{F}_q^2$ は $|\mathbb{F}_q^2| = |\mathbb{F}_q|^2 = q^2$ となり，点の個数は q^2 である．

(2) $l_0 = \{(0,j) \mid j \in \mathbb{F}_q\}$ は $1x + 0y = 0$ によって定まる直線である．l_0 と平行な直線のすべては，$i \in \mathbb{F}_q$ に対して $1x + 0y = i$ によって定まる直線 $\{(i,j) \mid j \in \mathbb{F}_q\}$ のすべてであり，全部で q 本である．

(3) 一点 $(0,0)$ を含む直線は l_0 と，$\{(1,j) \mid j \in \mathbb{F}_q\}$ の各点 $(1,j)$ と $(0,0)$ を含む直線の $q+1$ 本である．$(1,j)$ と $(0,0)$ を含む直線は $jx - y = 0$ によって定まる．これは $\{(i,ji) \mid i \in \mathbb{F}_q\}$ と表現することもできる．

(4) l_0 と平行な直線は (2) で述べたことから全部で q 本である．各 $j \in \mathbb{F}_q$ に対して $(1,j)$ と $(0,0)$ を含む直線は $jx - y = 0$ によって定まるので，これと平行な直線は各 $i \in \mathbb{F}_q$ に対して $jx - y = i$ によって定まる．これらも q 本である．したがって，アフィン平面 $\mathbb{F}_q^2$ の直線のすべては，$(0,0)$ を含む直線の個数 $q+1$ とそれら各直線と平行な直線の個数 q の積 $q(q+1)$ になる．

(5) 平行直線の同値類の個数は $(0,0)$ を含む直線の個数に一致し，$q+1$ である． ◁

▌**5.4**
▌**有限アフィン平面から魔方陣へ**

A を n 次アフィン平面とし，平行ではない二つの直線 l, m をとる．定理 5.2.9 より，$l \times m \ni (p,q)$ に対して，p を含み m と平行な直線 m_p と q を含み l と平行な直線 l_q の交点を対応させる写像は，$l \times m$ から A への全単射になる．l の各点と $\{0,1,\ldots,n-1\}$ の各点を対応させ，m の各点と $\{0,1,\ldots,n-1\}$ の各点を対応させることにより，$\{0,1,\ldots,n-1\}^2$ と $l \times m$ との間に全単射対応を作れる．さらに定理 5.2.9 の結果より，$\{0,1,\ldots,n-1\}^2$ と A との間に全単射対応を作れる．この全単射対応により A を方陣とみなすことができる．

平行直線の同値類の個数は $n+1$ なので，$n \geq 2$ ならば，l, m と平行ではない直線 s をとることができる．s と平行な直線を $s_0, s_1, \ldots, s_{n-1}$ と番号付けする．すると，各 s_i は l と平行な直線と一点で交わり，m と平行な直線とも一点で交わる．したがって，直線 s_i の各点に i を対応付けるとラテン方陣になる．さらに $n \geq 3$ ならば，l, m, s と平行ではない直線 t をとることができる．t と平行な直線を $t_0, t_1, \ldots, t_{n-1}$ と番号付けすると，s と同様に t もラテン方陣を定める．さらに，s_i と t_j も一点で交わる．したがって，s が定めるラテン方陣と t が定めるラテン方陣からオイラー方陣が定まり，さらに n 次魔方陣が定まる．

　以上の考察より次の定理を得る．

> **定理 5.4.1**　n を 3 以上の自然数とする．n 次アフィン平面が存在すれば，それから上記の方法により n 次魔方陣が定まる．　　　　　　　　　　□

第 **6** 章

立体魔方陣

前の章までは平面的に広がっている方陣のマス目に数を入れることで魔方陣を扱っていたが，この章では立体的に広がっている方陣のマス目に数を入れることで立体魔方陣を扱う．第1章と第2章で使った手法を立体的に広がった方陣に適用して，立体的に広がった魔方陣，すなわち，立体魔方陣を構成する．

6.1
立体魔方陣

n を自然数とする．n^3 個の立方体のマス目を $n \times n \times n$ の形に立方体に並べたものを **n 次立体方陣** と呼ぶ．第1章で扱った n 次方陣を水平にして，垂直方向に n 個の n 次方陣を重ねているものと考えることができる．行と列は水平な n 次方陣の一つ一つに対して定める．水平な n 次方陣の同じ場所にあり垂直に並んでいるものを柱と呼ぶ．水平な n 次方陣を上から順に第0面，第1面，第2面，... と呼ぶことにする．立体方陣を立体的に描くと見えないマス目がでてきてしまうので，第0面，第1面，第2面，... を左から順に横に並べて記述することにする．たとえば，3次立体方陣は次のように描く．

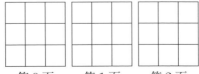

第0面　　　第1面　　　第2面

　一般の n についても同様に描く．0 から n^3-1 までの整数をもれなく重複なく n 次立体方陣の一つ一つの立方体のマス目に入れ，どの横の行の和もどの縦の列の和もどの垂直の柱の和も等しいとき，この n 次立体方陣を **n 次立体魔方陣** と呼ぶ．この行，列，柱の和を n 次立体魔方陣の **定和** と呼ぶ．

　n 次立体魔方陣の定和を求めておこう．

　

| 定理 6.1.1 | n 次立体魔方陣の定和 $S_3(n)$ は

$$S_3(n) = \frac{1}{2}n(n-1)(n^2+n+1)$$

となる．　　　　　　　　　　　　　　　　　　　　　　　　　　　　　□

《証明》　n 次立体方陣に入っている 0 から n^3-1 までのすべての整数の和は n^2 個の行の和に等しく $n^2 S_3(n)$ である．したがって，定和 $S_3(n)$ は

$$S_3(n) = \frac{1}{n^2}\sum_{i=0}^{n^3-1} i = \frac{1}{n^2}\cdot\frac{1}{2}(n^3-1)n^3 = \frac{1}{2}n(n^3-1)$$
$$= \frac{1}{2}n(n-1)(n^2+n+1)$$

となる．　　　　　　　　　　　　　　　　　　　　　　　　　　　　　■

例 6.1.2　後で示すように 2 次立体魔方陣は存在しない．ここでは 3 次立体魔方陣の定和を求めておこう．

$$S_3(3) = \frac{1}{2}\cdot 3\cdot 2\cdot(3^2+3+1) = 3\cdot 13 = 39.\qquad\qquad \triangleleft$$

　立体方陣の頂点と中心について点対称の位置にある頂点を結んだ線分を立体対角線と呼ぶ．n 次立体方陣の場合，第 0 面の $(0,0)$ にある頂点と第 $n-1$ 面の $(n-1,n-1)$ にある頂点を結んだ線分，第 0 面の $(0,n-1)$ にある頂点と第 $n-1$ 面の $(n-1,0)$ にある頂点を結んだ線分，第 0 面の $(n-1,0)$ にある頂点と第 $n-1$ 面の $(0,n-1)$ にある頂点を結んだ線分，第 0 面の $(n-1,n-1)$ にある頂点と第 $n-1$ 面の $(0,0)$ にある頂点を結んだ線分が立体対角線のすべ

てである．n 次立体魔方陣のすべての立体対角線の和も等しいとき，この n 次立体魔方陣を **n 次立体対角魔方陣**と呼ぶ．

5 ページで示したように，2 次魔方陣は存在しない．同様に 2 次立体魔方陣も存在しないことがわかる．存在しないことを証明するために，2 次立体魔方陣が存在すると仮定して矛盾を導く．第 0 面の $(a_{i,j})$ のマス目に入る数を未知数と考えて a, b, c, d として，次のように表示してみよう．

a	b
c	d

全体が 2 次立体魔方陣であることから，これの各行の和と各列の和がすべて等しくなる．特に $a + b = a + c$ となり，両辺から a を引くと $b = c$ が成り立つ．したがって，矛盾が起きる．このことから，2 次立体魔方陣は存在しないことがわかる．

次は 3 次立体対角魔方陣の例である．

0	16	23
22	2	15
17	21	1

第 0 面

14	18	7
6	13	20
19	8	12

第 1 面

25	5	9
11	24	4
3	10	26

第 2 面

第 0 面の行と列の和は

$$0 + 16 + 23 = 22 + 2 + 15 = 17 + 21 + 1$$
$$= 0 + 22 + 17 = 16 + 2 + 21 = 23 + 15 + 1$$
$$= 39$$

となって，すべて例 6.1.2 で求めた 3 次立体魔方陣の定和 39 に等しいことがわかる．第 1 面と第 2 面の行と列の和も

$$14 + 18 + 7 = 6 + 13 + 20 = 19 + 8 + 12$$
$$= 14 + 6 + 19 = 18 + 13 + 8 = 7 + 20 + 12$$
$$= 25 + 5 + 9 = 11 + 24 + 4 = 3 + 10 + 26$$

$$= 25 + 11 + 3 = 5 + 24 + 10 = 9 + 4 + 26$$
$$= 39$$

となって，すべて 39 に等しいことがわかる．ここまでは平面の魔方陣の場合と同様な計算である．立体魔方陣で新たに問題になるのが，柱の和である．行と列の番号が $(0,0), (0,1), (0,2), (1,0), \ldots, (2,2)$ の場所の柱の和は

$$0 + 14 + 25 = 16 + 18 + 5 = 23 + 7 + 9$$
$$= 22 + 6 + 11 = 2 + 13 + 24 = 15 + 20 + 4$$
$$= 17 + 19 + 3 = 21 + 8 + 10 = 1 + 12 + 26$$
$$= 39$$

となり，これらもすべて 39 に等しいことがわかる．以上の計算から上記の 3 次立体方陣は 3 次立体魔方陣であることを確認できる．さらに，対角線の和は

$$0 + 13 + 26 = 23 + 13 + 3 = 1 + 13 + 25 = 17 + 13 + 9 = 39$$

となり，これらもすべて 39 に等しいことがわかる．以上の計算から上記の 3 次立体魔方陣は 3 次立体対角魔方陣であることを確認できる．

　この章では第 1 章で述べたラテン方陣とオイラー方陣から魔方陣を作成する手法を立体方陣に適用する．そのために，次節以降で立体ラテン方陣と立体オイラー方陣の概念を明らかにしておく．

6.2 立体ラテン方陣

　第 1 章で扱った平面のラテン方陣とオイラー方陣と同様に立体のラテン方陣とオイラー方陣を定義する．容易に推測できると思われるが，概念を明確にするために以下にこれらの定義を与える．

　n を自然数とする．0 から $n-1$ までの整数を n 次立体方陣の一つ一つの立方体のマス目に入れ，どの横の行にも 0 から $n-1$ までの整数がもれなく重複なくあり，どの縦の列にも 0 から $n-1$ までの整数がもれなく重複なくあり，

どの垂直の柱にも 0 から $n-1$ までの整数がもれなく重複なくあるとき，この n 次立体方陣を **n 次立体ラテン方陣** と呼ぶ．

61 ページで有限集合の元を方陣のマス目に入れたラテン方陣を定義したのと同様に，元の個数が n 個の集合 S を考える．S の元を n 次立体方陣の一つ一つの立方体のマス目に入れ，どの横の行にも S の元がもれなく重複なくあり，どの縦の列にも S の元がもれなく重複なくあり，どの垂直の柱にも S の元がもれなく重複なくあるとき，この n 次立体方陣も **n 次立体ラテン方陣** と呼ぶ．

次は 2 次立体ラテン方陣の例である．

$$
\begin{array}{|c|c|}\hline 0 & 1 \\\hline 1 & 0 \\\hline\end{array}\quad
\begin{array}{|c|c|}\hline 1 & 0 \\\hline 0 & 1 \\\hline\end{array}
\tag{6.1}
$$
第 0 面　　第 1 面

これが 2 次立体ラテン方陣になることは定義よりわかる．見た瞬間わかると言ってもよい．1.2 節では左移動ラテン方陣を扱ったが，それをさらに面の番号に対してもマス目の数を左移動することによって，次のような 3 次立体ラテン方陣を作ることができる．

$$
\begin{array}{|c|c|c|}\hline 0 & 1 & 2 \\\hline 1 & 2 & 0 \\\hline 2 & 0 & 1 \\\hline\end{array}\quad
\begin{array}{|c|c|c|}\hline 1 & 2 & 0 \\\hline 2 & 0 & 1 \\\hline 0 & 1 & 2 \\\hline\end{array}\quad
\begin{array}{|c|c|c|}\hline 2 & 0 & 1 \\\hline 0 & 1 & 2 \\\hline 1 & 2 & 0 \\\hline\end{array}
\tag{6.2}
$$
第 0 面　　　第 1 面　　　第 2 面

左移動ラテン方陣を面の番号に対してマス目の数を右移動することによって，次のような 3 次立体ラテン方陣を作ることもできる．

$$
\begin{array}{|c|c|c|}\hline 0 & 1 & 2 \\\hline 1 & 2 & 0 \\\hline 2 & 0 & 1 \\\hline\end{array}\quad
\begin{array}{|c|c|c|}\hline 2 & 0 & 1 \\\hline 0 & 1 & 2 \\\hline 1 & 2 & 0 \\\hline\end{array}\quad
\begin{array}{|c|c|c|}\hline 1 & 2 & 0 \\\hline 2 & 0 & 1 \\\hline 0 & 1 & 2 \\\hline\end{array}
\tag{6.3}
$$
第 0 面　　　第 1 面　　　第 2 面

これはその前の 3 次立体ラテン方陣の第 1 面と第 2 面を入れ換えたものになっている．4 次以上の左移動ラテン方陣に対しても同様の操作によって，立体ラ

テン方陣を作ることができる．さらに右移動ラテン方陣から始めても，同様の
操作で立体ラテン方陣を作ることもできる．

　左移動ラテン方陣や右移動ラテン方陣をマス目の座標の 1 次式で表せること
を一般化して，1.6 節では剰余環の 1 次式を利用してラテン方陣を作成した．さ
らに 2.3 節とその後の節では有限体の 1 次式を利用してラテン方陣を作成した．
この節ではこれらの手法を立体ラテン方陣に適用する．剰余環 $\mathbb{Z}_n$ を使う場合
は，$\mathbb{Z}_n$ の元をそのまま行，列，および柱の番号として利用できるが，n 個の元を
もつ有限体を使う場合は，2.3 節で述べたように有限体の元を $f_0, f_1, \ldots, f_{n-1}$
と並べてこれらの添字を行，列，および柱の番号として利用することにする．

　n 次立体方陣の座標を (i, j, k) で表す．最後の成分の k は面の番号で，第 k
面の行番号 i，列番号 j の座標を (i, j, k) で表すことにする．13 ページの平面
での記述と同様に，n 次立体方陣のマス目に数を入れたもの A の座標 (i, j, k)
の数が a_{ijk} であるとき，$A = (a_{ijk})$ で表す．a_{ijk} を i, j, k の 1 次式で表すと
A が n 次立体ラテン方陣であるための条件を記述できる．

| 定理 6.2.1 | R を剰余環 $\mathbb{Z}_n$ または n 個の元をもつ有限体 $\mathbb{F}_n$ とする．R の
元 a, b, c, d に対して，n 次立体方陣の (i, j, k) 成分を $ai + bj + ck + d$ によっ
て定めるとき，この立体方陣が立体ラテン方陣になるための必要十分条件は，
a, b, c が積の逆元をもつことである． □

《証明》　R が剰余環の場合，定理の主張は命題 1.6.2 と系 1.6.3 よりわかる．R
が有限体の場合，定理の主張は命題 2.3.1 よりわかる． ■

例 6.2.2　$n = 2$ の場合，$\mathbb{Z}_2 = \mathbb{F}_2$ における 1 次式 $i + j + k$ の値は

(i, j, k)	$(0,0,0)$	$(0,1,0)$	$(1,0,0)$	$(1,1,0)$	$(0,0,1)$	$(0,1,1)$	$(1,0,1)$	$(1,1,1)$
$i+j+k$	0	1	1	0	1	0	0	1

となるので，$i + j + k$ が定める 2 次立体ラテン方陣は次のようになる．

0	1
1	0

1	0
0	1

第 0 面　第 1 面

これは (6.1) の 2 次立体ラテン方陣の例に一致している． ◁

問題 6.2.3　$n = 3$ の場合，$\mathbb{Z}_3 = \mathbb{F}_3$ における 1 次式 $i + j + k$ から定まる 3 次立体ラテン方陣を求めよ．

例 6.2.4　$n = 4$ の場合は剰余環 $\mathbb{Z}_4$ と有限体 $\mathbb{F}_4$ の両方を考えることができる．それぞれの場合に 1 次式 $i + j + k$ が定める 4 次立体ラテン方陣を求める．ただし，$\mathbb{F}_4$ の元は 2.4 節で定めた $\{0, 1, \alpha, \beta\}$ で表し，この順序で並べることにする．

$\mathbb{Z}_4$ の場合は，例 6.2.2 や問題 6.2.3 と同様の計算により，$i + j + k$ が定める 4 次立体ラテン方陣は次のようになる．

0	1	2	3
1	2	3	0
2	3	0	1
3	0	1	2

第 0 面

1	2	3	0
2	3	0	1
3	0	1	2
0	1	2	3

第 1 面

2	3	0	1
3	0	1	2
0	1	2	3
1	2	3	0

第 2 面

3	0	1	2
0	1	2	3
1	2	3	0
2	3	0	1

第 3 面

$\mathbb{F}_4$ の場合は，2.4 節で求めた $\mathbb{F}_4$ の和の演算表を使うと $i + j + k$ が定める 4 次立体ラテン方陣は次のようになることがわかる．

0	1	α	β
1	0	β	α
α	β	0	1
β	α	1	0

第 0 面

1	0	β	α
0	1	α	β
β	α	1	0
α	β	0	1

第 1 面

α	β	0	1
β	α	1	0
0	1	α	β
1	0	β	α

第 α 面

β	α	1	0
α	β	0	1
1	0	β	α
0	1	α	β

第 β 面

$\{0, 1, \alpha, \beta\}$ にどのように $\{0, 1, 2, 3\}$ を対応させても上の二つの 4 次立体ラテン方陣は一致しない．　　　　　　　　　　　　　　　　　　　　　　　◁

6.3 立体オイラー方陣

前節と同様に第 1 章で扱った平面のオイラー方陣の定義を参考にして，立体のオイラー方陣を定義する．

三つの n 次立体ラテン方陣 $A = (a_{ijk})$, $B = (b_{ijk})$, $C = (c_{ijk})$ に対して，

$(a_{ijk}, b_{ijk}, c_{ijk})$ のすべてが互いに異なるとき, $(a_{ijk}, b_{ijk}, c_{ijk})$ から定まる n 次立体方陣を **n 次立体オイラー方陣** と呼ぶ.

例 6.3.1   立体オイラー方陣を与えるためには, まず三つの立体ラテン方陣が必要になる. 先に示した (6.2), (6.3) と第 0 面を右移動ラテン方陣にしてさらに柱の方向に左移動した立体ラテン方陣

$$
\begin{array}{ccc|ccc|ccc}
0 & 1 & 2 & 1 & 2 & 0 & 2 & 0 & 1 \\
2 & 0 & 1 & 0 & 1 & 2 & 1 & 2 & 0 \\
1 & 2 & 0 & 2 & 0 & 1 & 0 & 1 & 2
\end{array}
\tag{6.4}
$$

第 0 面　　　　第 1 面　　　　第 2 面

を使う. これらの成分を並べた立体方陣は

0,0,0	1,1,1	2,2,2	1,2,1	2,0,2	0,1,0	2,1,2	0,2,0	1,0,1
1,1,2	2,2,0	0,0,1	2,0,0	0,1,1	1,2,2	0,2,1	1,0,2	2,1,0
2,2,1	0,0,2	1,1,0	0,1,2	1,2,0	2,0,1	1,0,0	2,1,1	0,2,2

第 0 面　　　　　　　　第 1 面　　　　　　　　第 2 面

となる. ただし, (　) は省略した. この成分がすべて互いに異なること, またはその必要十分条件であるこれら全体が

$$
\mathbb{Z}_3^3 = \{(i, j, k) \mid i, j, k \in \mathbb{Z}_3\}
$$

に一致することは直接確認できる. したがって, 上記の立体方陣は立体オイラー方陣である.   ◁

定理 1.7.1 や系 2.3.4 で方陣のマス目に入れる数を座標の 1 次式で表したとき, オイラー方陣になるための条件を記述した. 同様な記述を立体方陣の場合に考える. ただし, 話を簡単にするために, これ以降は有限体の場合だけ考えることにする. 1 次式で定まる立体オイラー方陣の条件を考えるためには, 次の定理が基本となる.

定理 6.3.2   体 F の元 $a, b, c, d, e, f, g, h, i, j, k, l$ に対して, 写像

$$
\Phi : F \times F \times F \to F \times F \times F
$$

$$; (x, y, z) \mapsto (ax + by + cz + j, dx + ey + fz + k, gx + hy + iz + l)$$

が全単射になるための必要十分条件は, $aei + bfg + cdh - ceg - afh - bdi \neq 0$ である. □

《証明》 問題の写像 Φ が全射ならば, c, f, i のうちの少なくとも一つは 0 ではないことをまず証明しておく. そのために対偶を示す. $c = f = i = 0$ が成り立つと仮定する. このときに, Φ の像の成分が係数 $dh - eg, gb - ha, ae - bd$ の 1 次式を満たすことを示す.

$dh - eg, gb - ha, ae - bd$ は, 3 次元のベクトル積に由来するものである. 興味のある読者には, ベクトル解析の書籍などに書かれているベクトル積の部分を読むことを勧める. もちろん, 3 次元のベクトル積を知らなくても下の 1 次式の計算の確認はできるが, このような 1 次式を使って Φ が全射にならないことの証明を思い付くのは難しいかもしれない.

$$(dh - eg)(ax + by + cz + j) + (gb - ha)(dx + ey + fz + k)$$
$$+ (ae - bd)(gx + hy + iz + l)$$
$$= (dh - eg)(ax + by + j) + (gb - ha)(dx + ey + k)$$
$$+ (ae - bd)(gx + hy + l)$$
$$= (dh - eg)(ax + by) + (gb - ha)(dx + ey) + (ae - bd)(gx + hy)$$
$$+ (dh - eg)j + (gb - ha)k + (ae - bd)l$$
$$= (dh - eg)j + (gb - ha)k + (ae - bd)l$$

となり, Φ の像はこの 1 次式を満たすので, Φ の像の全体 $\Phi(F \times F \times F)$ は $F \times F \times F$ に一致しない. すなわち, Φ は全射にならない.

Φ が全単射になるための条件を考えるには, c, f, i のうちの少なくとも一つが 0 ではない場合を考えれば十分である. そこで, まず $c \neq 0$ の場合を考える. $u, v, w \in F$ をとり, x, y, z を未知数とする F での連立 1 次方程式

$$\begin{cases} ax + by + cz + j = u \\ dx + ey + fz + k = v \\ gx + hy + iz + l = w \end{cases} \tag{6.5}$$

について考える．問題の写像が全単射になるための必要十分条件は，連立方程
式 (6.5) が任意の $u, v, w \in F$ に対して，F において一意的な解 x, y, z をもつ
ことである．(6.5) を未知数のある項を左辺に，未知数のない項を右辺に分けて

$$\begin{cases} ax + by + cz = u - j \\ dx + ey + fz = v - k \\ gx + hy + iz = w - l \end{cases} \tag{6.6}$$

と変形する．第 1 行に f をかけ，第 2 行に c をかけると

$$\begin{cases} afx + bfy + cfz = f(u - j) \\ cdx + cey + cfz = c(v - k) \end{cases}$$

となる．第 1 行から第 2 行を引いて z のある項を消去すると

$$(af - cd)x + (bf - ce)y = f(u - j) - c(v - k)$$

を得る．同様に (6.6) の第 1 行に i をかけ，第 3 行に c をかけると

$$\begin{cases} aix + biy + ciz = i(u - j) \\ cgx + chy + ciz = c(w - l) \end{cases}$$

となる．第 1 行から第 2 行を引いて z のある項を消去すると

$$(ai - cg)x + (bi - ch)y = i(u - j) - c(w - l)$$

を得る．これらより，x, y に関する連立方程式

$$\begin{cases} (af - cd)x + (bf - ce)y = f(u - j) - c(v - k) \\ (ai - cg)x + (bi - ch)y = i(u - j) - c(w - l) \end{cases} \tag{6.7}$$

を得る．命題 2.3.2 より，この連立方程式の解 x, y が一意的に存在するための
必要十分条件は，

$$(af - cd)(bi - ch) - (bf - ce)(ai - cg) \neq 0$$

である．この左辺は

$$(af - cd)(bi - ch) - (bf - ce)(ai - cg)$$
$$= (afbi - afch - cdbi + cdch) - (bfai - bfcg - ceai + cecg)$$
$$= c(-afh - dbi + dch + bfg + eai - ecg)$$

となる．$c \neq 0$ なので，連立方程式 (6.7) が一意的に解をもつための必要十分条件は

$$aei + bfg + cdh - ceg - afh - bdi \neq 0$$

である．さらに，この条件が満たされるとき，(6.7) の解 x, y に対して (6.5) の第 1 行 $ax + by + cz + j = u$ より，$z = c^{-1}(u - ax - by - j)$ と z も一意的に定まる．以上より，u, v, w に対して (6.5) の解 x, y, z が一意的に定まり，u, v, w に x, y, z を対応させる写像が Φ の逆写像であることがわかる．したがって，Φ は全単射である．　　∎

☑**注意 6.3.3**　　注意 1.7.2 で述べたことと同様に，線形代数を学んだ読者にとっては，定理 6.3.2 の $aei + bfg + cdh - ceg - afh - bdi$ は

$$\begin{bmatrix} a & b & c \\ d & e & f \\ g & h & i \end{bmatrix}$$

の行列式であり，写像 Φ が全単射になるための必要十分条件は簡単に導くことができると思われる．上記の定理 6.3.2 の証明は，線形代数の知識を前提にしないものである．

6.4
1 次関数から立体魔方陣へ

　この節では有限体の 1 次関数から立体ラテン方陣，立体オイラー方陣，さらに立体魔方陣を構成する方法について解説する．

　n 個の元をもつ有限体 $\mathbb{F}_n$ と 0 から $n - 1$ までの整数の集合 $\{0, 1, \ldots, n - 1\}$ の間に全単射対応を定めておく．すると $\mathbb{F}_n^3$ は立体方陣とみなすことができる．

n 次立体オイラー方陣の数の組 (a, b, c) を 3 桁の n 進法の表記 abc に直すと，平面の場合と同様に，結果は n 次立体魔方陣になることがわかる．どの行，どの列，どの柱でも 1 桁目の数は 0 から $n-1$ までの整数が 1 回ずつ現れるので，1 桁目の数の和は等しい．2 桁目と 3 桁目の数の和についても同様にどの行，どの列，どの柱でも数の和は等しい．したがって，この n 進法の表記による立体方陣は立体魔方陣になることがわかる．

有限体 $\mathbb{F}_n$ の 1 次関数から立体ラテン方陣，立体オイラー方陣，さらに立体魔方陣を構成する方法を述べる．$\{0, 1, \ldots, n-1\}$ と $\mathbb{F}_n$ の間に全単射対応を定めておく．すると

$$\mathbb{F}_n^3 = \{(x_0, x_1, x_2) \mid x_0, x_1, x_2 \in \mathbb{F}_n\}$$

は立体方陣とみなすことができる．$a_0, a_1, a_2, b \in \mathbb{F}_n$ とする．$(x_0, x_1, x_2) \in \mathbb{F}_n^3$ に

$$a_0 x_0 + a_1 x_1 + a_2 x_2 + b$$

を対応させたときに，これが n 次立体ラテン方陣になるための必要十分条件は，a_1, a_2, a_3 が $\mathbb{F}_n$ において積の逆元をもつことである．これは 0 ではないことと同値である．

$a_{ij}, b_i \in \mathbb{F}_n$ とする．対応

$$\begin{bmatrix} x_0 \\ x_1 \\ x_2 \end{bmatrix} \mapsto \begin{bmatrix} a_{00} & a_{01} & a_{02} \\ a_{10} & a_{11} & a_{12} \\ a_{20} & a_{21} & a_{22} \end{bmatrix} \begin{bmatrix} x_0 \\ x_1 \\ x_2 \end{bmatrix} + \begin{bmatrix} b_0 \\ b_1 \\ b_2 \end{bmatrix}$$

が n 次立体オイラー方陣を定めるための必要十分条件は，a_{ij} が $\mathbb{F}_n$ において積の逆元をもち，行列式

$$\begin{vmatrix} a_{00} & a_{01} & a_{02} \\ a_{10} & a_{11} & a_{12} \\ a_{20} & a_{21} & a_{22} \end{vmatrix}$$

も $\mathbb{F}_n$ において積の逆元をもつことである．この条件が満たされるとき，n 次立体オイラー方陣，さらに，n 次立体魔方陣を作ることができる．

$\mathbb{F}_3$ の場合に具体的に 3 次立体魔方陣を構成するために，たとえば 1 次式の係数を

$$\begin{bmatrix} a_{00} & a_{01} & a_{02} \\ a_{10} & a_{11} & a_{12} \\ a_{20} & a_{21} & a_{22} \end{bmatrix} = \begin{bmatrix} 2 & 1 & 1 \\ 1 & 2 & 1 \\ 1 & 1 & 2 \end{bmatrix}, \qquad \begin{bmatrix} b_0 \\ b_1 \\ b_2 \end{bmatrix} = \begin{bmatrix} 0 \\ 0 \\ 0 \end{bmatrix}$$

とおく．次は $\mathbb{F}_3$ における計算であることに注意する．

$$\begin{vmatrix} 2 & 1 & 1 \\ 1 & 2 & 1 \\ 1 & 1 & 2 \end{vmatrix} = 2^3 + 1 + 1 - 2 - 2 - 2 = 1$$

となり，条件を満たしているので，これらから 3 次立体オイラー方陣が定まる．この 3 次立体オイラー方陣の第 0 面，第 1 面，第 2 面は次のようになる．第 0 面，つまり $x_2 = 0$ の三つのラテン方陣は，

$$2x_0 + x_1 + x_2, \quad x_0 + 2x_1 + x_2, \quad x_0 + x_1 + 2x_2 \tag{6.8}$$

に $x_2 = 0$ を代入した $2x_0 + x_1$, $x_0 + 2x_1$, $x_0 + x_1$ により，次のように定まる．

0	1	2
2	0	1
1	2	0

0	2	1
1	0	2
2	1	0

0	1	2
1	2	0
2	0	1

これらから定まる立体オイラー方陣の第 0 面は，次のとおりである．

000	121	212
211	002	120
122	210	001

第 1 面の三つのラテン方陣は，(6.8) に $x_2 = 1$ を代入した $2x_0 + x_1 + 1$, $x_0 + 2x_1 + 1$, $x_0 + x_1 + 2$ により，次のように定まる．

1	2	0
0	1	2
2	0	1

1	0	2
2	1	0
0	2	1

2	0	1
0	1	2
1	2	0

これらから定まる立体オイラー方陣の第 1 面は，次のとおりである．

112	200	021
020	111	202
201	022	110

第 2 面の三つのラテン方陣は，(6.8) に $x_2 = 2$ を代入した $2x_0 + x_1 + 2$，$x_0 + 2x_1 + 2$，$x_0 + x_1 + 1$ により，次のように定まる．

2	0	1
1	2	0
0	1	2

2	1	0
0	2	1
1	0	2

1	2	0
2	0	1
0	1	2

これらから定まる立体オイラー方陣の第 2 面は，次のとおりである．

221	012	100
102	220	011
010	101	222

改めてこの立体オイラー方陣の第 0 面，第 1 面，第 2 面を並べると次のようになる．

000	121	212
211	002	120
122	210	001

112	200	021
020	111	202
201	022	110

221	012	100
102	220	011
010	101	222

第 0 面　　　　　　　第 1 面　　　　　　　第 2 面

これは立体魔方陣の 3 進法表記とみることもできる．10 進法表記に直すと次のようになる．

0	16	23
22	2	15
17	21	1

14	18	7
6	13	20
19	8	12

25	5	9
11	24	4
3	10	26

第 0 面　　　　第 1 面　　　　第 2 面

これが 10 進法表記の 3 次立体魔方陣である．

問題 6.4.1   1 次式の係数を

$$\begin{bmatrix} a_{00} & a_{01} & a_{02} \\ a_{10} & a_{11} & a_{12} \\ a_{20} & a_{21} & a_{22} \end{bmatrix} = \begin{bmatrix} 1 & 2 & 2 \\ 2 & 1 & 2 \\ 2 & 2 & 1 \end{bmatrix}, \qquad \begin{bmatrix} b_0 \\ b_1 \\ b_2 \end{bmatrix} = \begin{bmatrix} 0 \\ 0 \\ 0 \end{bmatrix}$$

で定める. これらから 3 次立体オイラー方陣が定まることを確認し, さらに 3 次立体魔方陣を構成せよ.

次に $\mathbb{F}_4$ の場合に具体的に 4 次立体魔方陣を構成する. $\mathbb{F}_4$ の元はこれまでと同様に $\{0, 1, \alpha, \beta\}$ で表す. 1 次式の係数を

$$\begin{bmatrix} a_{00} & a_{01} & a_{02} \\ a_{10} & a_{11} & a_{12} \\ a_{20} & a_{21} & a_{22} \end{bmatrix} = \begin{bmatrix} \alpha & 1 & 1 \\ 1 & \alpha & 1 \\ 1 & 1 & \alpha \end{bmatrix}, \qquad \begin{bmatrix} b_0 \\ b_1 \\ b_2 \end{bmatrix} = \begin{bmatrix} 0 \\ 0 \\ 0 \end{bmatrix}$$

とおく. 次は $\mathbb{F}_4$ における計算であることに注意する.

$$\begin{vmatrix} \alpha & 1 & 1 \\ 1 & \alpha & 1 \\ 1 & 1 & \alpha \end{vmatrix} = \alpha^3 + 1 + 1 - \alpha - \alpha - \alpha = \beta$$

となり条件を満たしているので, これらから 4 次立体オイラー方陣が定まる.

$\mathbb{F}_4$ の元は $0, 1, \alpha, \beta$ の順序で $0, 1, 2, 3$ と対応付けて方陣を考えることにする. この 4 次立体オイラー方陣の第 0 面, 第 1 面, 第 2 面, 第 3 面は次のようになる. 第 0 面の三つのラテン方陣は,

$$\alpha x_0 + x_1 + x_2, \quad x_0 + \alpha x_1 + x_2, \quad x_0 + x_1 + \alpha x_2 \qquad (6.9)$$

に $x_2 = 0$ を代入した $\alpha x_0 + x_1$, $x_0 + \alpha x_1$, $x_0 + x_1$ により, 次のように定まる.

0	1	α	β
α	β	0	1
β	α	1	0
1	0	β	α

0	α	β	1
1	β	α	0
α	0	1	β
β	1	0	α

0	1	α	β
1	0	β	α
α	β	0	1
β	α	1	0

これらから定まる立体オイラー方陣の第 0 面は，次のとおりである．

000	$1\alpha1$	$\alpha\beta\alpha$	$\beta1\beta$
$\alpha11$	$\beta\beta0$	$0\alpha\beta$	10α
$\beta\alpha\alpha$	$\alpha0\beta$	110	$0\beta1$
$1\beta\beta$	01α	$\beta01$	$\alpha\alpha0$

成分の $0, 1, \alpha, \beta$ を対応する $0, 1, 2, 3$ に置き換えると次のようである．

000	121	232	313
211	330	023	102
322	203	110	031
133	012	301	220

　第 1 面の三つのラテン方陣は，(6.9) に $x_2 = 1$ を代入した $\alpha x_0 + x_1 + 1$, $x_0 + \alpha x_1 + 1$, $x_0 + x_1 + \alpha$ の定めるラテン方陣であり，次のように定まる．

1	0	β	α
β	α	1	0
α	β	0	1
0	1	α	β

1	β	α	0
0	α	β	1
β	1	0	α
α	0	1	β

α	β	0	1
β	α	1	0
0	1	α	β
1	0	β	α

これらから定まる立体オイラー方陣の第 1 面は，次のとおりである．

11α	$0\beta\beta$	$\beta\alpha0$	$\alpha01$
$\beta0\beta$	$\alpha\alpha\alpha$	$1\beta1$	010
$\alpha\beta0$	$\beta11$	00α	$1\alpha\beta$
$0\alpha1$	100	$\alpha1\beta$	$\beta\beta\alpha$

成分の $0, 1, \alpha, \beta$ を対応する $0, 1, 2, 3$ に置き換えると次のようである．

112	033	320	201
303	222	131	010
230	311	002	123
021	100	213	332

第 α 面の三つのラテン方陣は，(6.9) に $x_2 = \alpha$ を代入した $\alpha x_0 + x_1 + \alpha$, $x_0 + \alpha x_1 + \alpha$, $x_0 + x_1 + \beta$ の定めるラテン方陣であり，次のように定まる.

α	β	0	1
0	1	α	β
1	0	β	α
β	α	1	0

α	0	1	β
β	1	0	α
0	α	β	1
1	β	α	0

β	α	1	0
α	β	0	1
1	0	β	α
0	1	α	β

これらから定まる立体オイラー方陣の第 α 面は，次のとおりである.

$\alpha\alpha\beta$	$\beta0\alpha$	011	$1\beta0$
$0\beta\alpha$	11β	$\alpha00$	$\beta\alpha1$
101	$0\alpha0$	$\beta\beta\beta$	$\alpha1\alpha$
$\beta10$	$\alpha\beta1$	$1\alpha\alpha$	00β

成分の $0, 1, \alpha, \beta$ を対応する $0, 1, 2, 3$ に置き換えると次のようである.

223	302	011	130
032	113	200	321
101	020	333	212
310	231	122	003

第 β 面の三つのラテン方陣は，(6.9) に $x_2 = \beta$ を代入した $\alpha x_1 + x_2 + \beta$, $x_1 + \alpha x_2 + \beta$, $x_1 + x_2 + 1$ の定めるラテン方陣であり，次のように定まる.

β	α	1	0
1	0	β	α
0	1	α	β
α	β	0	1

β	1	0	α
α	0	1	β
1	β	α	0
0	α	β	1

1	0	β	α
0	1	α	β
β	α	1	0
α	β	0	1

これらから定まる立体オイラー方陣の第 β 面は，次のとおりである.

$\beta\beta1$	$\alpha10$	10β	$0\alpha\alpha$
$1\alpha0$	001	$\beta1\alpha$	$\alpha\beta\beta$
01β	$1\beta\alpha$	$\alpha\alpha1$	$\beta00$
$\alpha0\alpha$	$\beta\alpha\beta$	$0\beta0$	111

成分の $0, 1, \alpha, \beta$ を対応する $0, 1, 2, 3$ に置き換えると次のようである.

331	210	103	022
120	001	312	233
013	132	221	300
202	323	030	111

改めてこの立体オイラー方陣の第 0 面, 第 1 面, 第 2 面, 第 3 面を順番に並べると次のようになる.

000	121	232	313
211	330	023	102
322	203	110	031
133	012	301	220

112	033	320	201
303	222	131	010
230	311	002	123
021	100	213	332

223	302	011	130
032	113	200	321
101	020	333	212
310	231	122	003

331	210	103	022
120	001	312	233
013	132	221	300
202	323	030	111

第 0 面　　　　　　第 1 面　　　　　　第 2 面　　　　　　第 3 面

これは立体魔方陣の 4 進法表記とみることもできる. 10 進法表記に直すと次のようになる.

0	25	46	55
37	60	11	18
58	35	20	13
31	6	49	40

22	15	56	33
51	42	29	4
44	53	2	27
9	16	39	62

43	50	5	28
14	23	32	57
17	8	63	38
52	45	26	3

61	36	19	10
24	1	54	47
7	30	41	48
34	59	12	21

第 0 面　　　　　　第 1 面　　　　　　第 2 面　　　　　　第 3 面

これが 10 進法表記の 4 次立体魔方陣である.

問題 6.4.2 $\mathbb{F}_4$ における 1 次式の係数を

$$\begin{bmatrix} a_{00} & a_{01} & a_{02} \\ a_{10} & a_{11} & a_{12} \\ a_{20} & a_{21} & a_{22} \end{bmatrix} = \begin{bmatrix} \alpha & \beta & \beta \\ \beta & \alpha & \beta \\ \beta & \beta & \alpha \end{bmatrix}, \qquad \begin{bmatrix} b_0 \\ b_1 \\ b_2 \end{bmatrix} = \begin{bmatrix} 0 \\ 0 \\ 0 \end{bmatrix}$$

で定める. これらから 4 次立体オイラー方陣が定まることを確認し, さらに 4 次立体魔方陣を構成せよ.

$\mathbb{F}_5 = \mathbb{Z}_5$ の場合に具体的に 5 次立体魔方陣を構成する. 1 次式の係数を

$$\begin{bmatrix} a_{00} & a_{01} & a_{02} \\ a_{10} & a_{11} & a_{12} \\ a_{20} & a_{21} & a_{22} \end{bmatrix} = \begin{bmatrix} 2 & 1 & 1 \\ 1 & 2 & 1 \\ 1 & 1 & 2 \end{bmatrix}, \qquad \begin{bmatrix} b_0 \\ b_1 \\ b_2 \end{bmatrix} = \begin{bmatrix} 0 \\ 0 \\ 0 \end{bmatrix}$$

とおく. 次は $\mathbb{F}_5$ における計算であることに注意する.

$$\begin{vmatrix} 2 & 1 & 1 \\ 1 & 2 & 1 \\ 1 & 1 & 2 \end{vmatrix} = 2^3 + 1 + 1 - 2 - 2 - 2 = 4$$

となり条件を満たしているので, これらから 5 次立体オイラー方陣が定まる. この 5 次立体オイラー方陣の第 0 面から第 4 面は次のようになる. 第 0 面の三つのラテン方陣は,

$$2x_0 + x_1 + x_2, \quad x_0 + 2x_1 + x_2, \quad x_0 + x_1 + 2x_2 \qquad (6.10)$$

に $x_2 = 0$ を代入した $2x_0 + x_1, x_0 + 2x_1, x_0 + x_1$ により, 次のように定まる.

0	1	2	3	4
2	3	4	0	1
4	0	1	2	3
1	2	3	4	0
3	4	0	1	2

0	2	4	1	3
1	3	0	2	4
2	4	1	3	0
3	0	2	4	1
4	1	3	0	2

0	1	2	3	4
1	2	3	4	0
2	3	4	0	1
3	4	0	1	2
4	0	1	2	3

これらから定まる立体オイラー方陣の第 0 面は, 次のとおりである.

000	121	242	313	434
211	332	403	024	140
422	043	114	230	301
133	204	320	441	012
344	410	031	102	223

第 1 面の三つのラテン方陣は, (6.10) に $x_2 = 1$ を代入した $2x_0 + x_1 + 1, x_0 +$

$2x_1 + 1, x_0 + x_1 + 2$ の定めるラテン方陣であり，次のように定まる.

1	2	3	4	0
3	4	0	1	2
0	1	2	3	4
2	3	4	0	1
4	0	1	2	3

1	3	0	2	4
2	4	1	3	0
3	0	2	4	1
4	1	3	0	2
0	2	4	1	3

2	3	4	0	1
3	4	0	1	2
4	0	1	2	3
0	1	2	3	4
1	2	3	4	0

これらから定まる立体オイラー方陣の第1面は，次のとおりである.

112	233	304	420	041
323	444	010	131	202
034	100	221	342	413
240	311	432	003	124
401	022	143	214	330

　第2面の三つのラテン方陣は，(6.10) に $x_2 = 2$ を代入した $2x_1 + x_2 + 2, x_1 + 2x_2 + 2, x_1 + x_2 + 4$ の定めるラテン方陣であり，次のように定まる.

2	3	4	0	1
4	0	1	2	3
1	2	3	4	0
3	4	0	1	2
0	1	2	3	4

2	4	1	3	0
3	0	2	4	1
4	1	3	0	2
0	2	4	1	3
1	3	0	2	4

4	0	1	2	3
0	1	2	3	4
1	2	3	4	0
2	3	4	0	1
3	4	0	1	2

これらから定まる立体オイラー方陣の第2面は，次のとおりである.

224	340	411	032	103
430	001	122	243	314
141	212	333	404	020
302	423	044	110	231
013	134	200	321	442

　第3面の三つのラテン方陣は，(6.10) に $x_2 = 3$ を代入した $2x_0 + x_1 + 3, x_0 +$

$2x_1 + 3, x_0 + x_1 + 1$ の定めるラテン方陣であり，次のように定まる．

2	4	1	3	0
1	3	0	2	4
0	2	4	1	3
4	1	3	0	2
3	0	2	4	1

1	2	3	4	0
4	0	1	2	3
2	3	4	0	1
0	1	2	3	4
3	4	0	1	2

0	1	2	3	4
4	0	1	2	3
3	4	0	1	2
2	3	4	0	1
1	2	3	4	0

これらから定まる立体オイラー方陣の第3面は，次のとおりである．

210	421	132	343	004
144	300	011	222	433
023	234	440	101	312
402	113	324	030	241
331	042	203	414	120

第4面の三つのラテン方陣は，(6.10) に $x_2 = 4$ を代入した $2x_0 + x_1 + 4, x_0 + 2x_1 + 4, x_0 + x_1 + 3$ の定めるラテン方陣であり，次のように定まる．

4	0	1	2	3
1	2	3	4	0
3	4	0	1	2
0	1	2	3	4
2	3	4	0	1

4	1	3	0	2
0	2	4	1	3
1	3	0	2	4
2	4	1	3	0
3	0	2	4	1

3	4	0	1	2
4	0	1	2	3
0	1	2	3	4
1	2	3	4	0
2	3	4	0	1

これらから定まる立体オイラー方陣の第4面は，次のとおりである．

443	014	130	201	322
104	220	341	412	033
310	431	002	123	244
021	142	213	334	400
232	303	424	040	111

改めてこの立体オイラー方陣の第0面から第4面を順番に並べると次のよう

になる.

000	121	242	313	434
211	332	403	024	140
422	043	114	230	301
133	204	320	441	012
344	410	031	102	223

第0面

112	233	304	420	041
323	444	010	131	202
034	100	221	342	413
240	311	432	003	124
401	022	143	214	330

第1面

224	340	411	032	103
430	001	122	243	314
141	212	333	404	020
302	423	044	110	231
013	134	200	321	442

第2面

210	421	132	343	004
144	300	011	222	433
023	234	440	101	312
402	113	324	030	241
331	042	203	414	120

第3面

443	014	130	201	322
104	220	341	412	033
310	431	002	123	244
021	142	213	334	400
232	303	424	040	111

第4面

これは5次立体魔方陣の5進法表記とみることもできる. 10進法表記は省略する.

問題 6.4.3　$\mathbb{F}_5$ における1次式の係数を

$$\begin{bmatrix} a_{00} & a_{01} & a_{02} \\ a_{10} & a_{11} & a_{12} \\ a_{20} & a_{21} & a_{22} \end{bmatrix} = \begin{bmatrix} 1 & 1 & 1 \\ 1 & 2 & 1 \\ 1 & 1 & 2 \end{bmatrix}, \qquad \begin{bmatrix} b_0 \\ b_1 \\ b_2 \end{bmatrix} = \begin{bmatrix} 0 \\ 0 \\ 0 \end{bmatrix}$$

で定める. これらから5次立体オイラー方陣が定まることを確認し, さらに5次立体魔方陣を構成せよ.

最後に対角魔方陣を構成した定理1.7.11の類似を立体対角魔方陣の場合に示しておく.

定理 6.4.4　n を奇素数とする. $a_{ij}, b_i, 0 \leq i, j \leq 2$ を $\mathbb{Z}_n = \mathbb{F}_n$ の元とする. a_{ij} と行列式

$$\begin{vmatrix} a_{00} & a_{01} & a_{02} \\ a_{10} & a_{11} & a_{12} \\ a_{20} & a_{21} & a_{22} \end{vmatrix}$$

がそれぞれ 0 でなければ，1 次式

$$a_{00}x_0 + a_{01}x_1 + a_{02}x_2 + b_0,$$
$$a_{10}x_0 + a_{11}x_1 + a_{12}x_2 + b_1,$$
$$a_{20}x_0 + a_{21}x_1 + a_{22}x_2 + b_2$$

は n 次立体ラテン方陣，および n 次立体オイラー方陣を定め，さらに n 進法表記の n 次立体魔方陣が定まることはこの節で示したとおりである．上の条件に加えて $n = 2m + 1$ と表したとき，方陣の中心である (m, m, m) での三つの 1 次式の値が m ならば，この n 次立体魔方陣は立体対角魔方陣である．　　　□

《証明》 問題の立体方陣が立体魔方陣であることはすでにわかっているので，立体対角線の和が定和に等しいをことを示せばよい．

立体方陣の $(0, 0, 0)$ を通る立体対角線は (x, x, x) $(x = 0, 1, \ldots, 2m)$ である．これら (x, x, x) におけるマス目での 1 次式 $a_{00}x_0 + a_{01}x_1 + a_{02}x_2 + b_0$ の値は $a_{00}x + a_{01}x + a_{02}x + b_0 = (a_{00} + a_{01} + a_{02})x + b_0$ である．さらに仮定より $(a_{00} + a_{01} + a_{02})m + b_0 = m$ が成り立つ．よって，補題 1.7.12 を適用でき，$g = a_{00} + a_{01} + a_{02}$，$h = b_0$ とおくと，$i = 0, 1, \ldots, m - 1$ について

$$0 \leq \alpha_i \leq n - 1, \qquad 0 \leq \beta_i \leq n - 1$$

を満たす α_i, β_i によって $(a_{00} + a_{01} + a_{02})(m - i) + b_0, (a_{00} + a_{01} + a_{02})(m + i) + b_0 \in \mathbb{Z}_n$ を

$$(a_{00} + a_{01} + a_{02})(m - i) + b_0 = \alpha_i,$$
$$(a_{00} + a_{01} + a_{02})(m + i) + b_0 = \beta_i$$

と表すと，$\mathbb{Z}$ において $\alpha_i + \beta_i = 2m$ が成り立つ．以上より，$(0, 0, 0)$ を通る立体対角線のマス目の $a_{00}x_0 + a_{01}x_1 + a_{02}x_2 + b_0$ の値の和は

$$\sum_{i=1}^{m} (\alpha_i + \beta_i) + m = \sum_{i=1}^{m} 2m + m = m(2m + 1)$$

になる．

　立体方陣の $(0, n-1, 0)$ を通る立体対角線，$(n-1, 0, 0)$ を通る立体対角線，$(n-1, n-1, 0)$ を通る立体対角線におけるマス目での 1 次式 $a_{00}x_0 + a_{01}x_1 + a_{02}x_2 + b_0$ の値の和を補題 1.7.12 を適用して同様に計算でき，定和に一致することがわかる．詳細は省略するが，定理 1.7.11 の証明と同様にできる．

　以上で，問題の立体魔方陣は立体対角魔方陣になることがわかる．　　　　　■

あとがき

　筆者が初めて魔方陣に出会ったのは，1桁や2桁の数の和を計算できるようになった小学生の頃である．祖父が「正方形の紙に9個のマス目を書いてそれに1から9の数を書き入れ，それらを切り離して縦横対角線に並んだ数の和がすべて等しくなるように並べ替えなさい」という問題を出した．1から9の数の真ん中の5を正方形の中心に置くとよさそうだ，ということに気が付くこともなく，試行錯誤を繰り返したがうまくいかなかった．そこで祖父が，縦横対角線に並んだ数の和がすべて等しくなるように1から9の数を正方形に並べてみせてくれたわけだが，それを見て感激したことを覚えている．これが魔方陣という名前であることを知ったのは，それから数年経ってからである．そのときには祖父はすでに亡くなっていた．父の話では祖父は尋常小学校を出ただけだったということなので，どこで魔方陣を知ったのかは謎である．祖父は倉敷の紡績会社で技術者として働いていたので，職場で何かの機会があって知ったのかもしれない．その後，魔方陣への興味が続いたわけではなかったが，数の計算や何かを並べるパターンへの興味が芽生えるきっかけになったように思う．

　次に魔方陣に興味をもったのは，大学で数学を教えるようになって大学の新入生や高校生に数学の入門的な話をするためにネタを捜していたときだった．魔方陣に入れる数を1から9ではなく0から8にして，これらの数を3進法で表記すると2桁の数になり，さらに並べ方のパターンが見えてくるということを知り，魔方陣に再び感激した．この後の魔方陣への興味はずっと続いていて，大学の新入生や高校生向けの話だけではなく，魔方陣に関する講義もするようになった．その講義ノートを私のホームページに公開していたところ，それがきっかけになりこの本を執筆することになった．

　私の専門は微分積分を利用して幾何学を研究する微分幾何学であり，魔方陣の背景にあるような数学とは関り合いがあるとは思っていなかったが，その後この考え方は変化していった．私が主に研究している対象は対称性の高いよい性質をもつ図形（多様体）であり，その図形の性質がある特別な有限部分集合の性質から読み取れることがある．この有限部分集合の性質は組合せ論と呼ばれている分野と深く関わっていて，本書の主題である魔方陣との関連性があることがわかってきた．このことからも魔方陣への興味を深めることになった．

　本書で扱った魔方陣の作成方法は補助方陣を使うことが基本であり，その際に数を n 進法表記することが不可欠である．学校の算数・数学のカリキュラムでは，n 進法表記は扱っていても 2 進法と 10 進法が主な対象であり，それ以外の n 進法はあまり扱われていない．補助方陣としてのラテン方陣からオイラー方陣，魔方陣に進む魔方陣の作成方法は，n 進法表記の応用例として興味を引くのではないかと思う．本書の内容がこのような補助教材の参考になれば幸いである．

参考文献

[1]　大森清美，魔方陣の世界，日本評論社，2013
[2]　佐藤肇，一楽重雄，幾何の魔術，第 3 版，日本評論社，2021

　本書を書くにあたって，全般的に [1] と [2] を参考にした．[1] は 6 次までの魔方陣の作成方法を詳しく解説している．一般の次数の魔方陣や完全魔方陣などの付加条件を満たす魔方陣，さらに関連した話題も豊富に掲載している．[2] は魔方陣だけではなく，関連した有限幾何学や組合せ論についても解説している．また，魔方陣を作成するために利用した考え方が，幅広い分野とつながっていることも示している．これら二冊は魔方陣をさらに深く理解するためや関連した情報を得るためにお勧めできる．

　本書で扱った代数学の概念，剰余環と有限体やアフィン幾何学に関する参考文献は数多く出版されている．私が学生の頃にこれらを学んだときに利用した書籍は，現在では入手困難なようなのでここでは挙げないことにする．代数学の基礎的な書籍なら本書で扱った剰余環について解説していると思われる．有限体の基本的性質を主張する定理 2.1.6，体上の多項式環の極大イデアルに関する定理 2.2.6 と有限体を具体的に構成するために必要になる定理 2.2.9 は証明しなかったが，具体的に構成した有限体を本書の議論の流れに利用できた．証明しなかった主張の証明や関連事項に興味をもった読者は体に関する書籍にあたってみることをお勧めする．本書で扱ったアフィン幾何学は有限の場合だけなので，これに関する書籍は有限幾何学を扱ったものや組合せ論の書籍が参考になる．これらについてさらに学ぼうとする読者は，適切な書籍などを見つけていただければ幸いである．情報を収集しながら自分に合った書籍を見つけるのも楽しい作業だと思う．

索　引

Memorandum

Memorandum

〈著者紹介〉

田崎　博之（たさき　ひろゆき）
1985年　筑波大学大学院博士課程数学研究科修了
　　　　筑波大学数理物質系准教授を経て
現　在　東京都立大学客員研究員，筑波大学客員研究員
　　　　理学博士
専　門　微分幾何学
著　書　『曲線・曲面の微分幾何』（共立出版，2015）
　　　　『積分幾何学入門』（牧野書店，2016）

魔方陣の理
Essence of magic squares

2024 年 7 月 25 日　初版 1 刷発行

著　者　田崎博之　ⓒ2024

発行者　南條光章

発行所　**共立出版株式会社**

郵便番号 112-0006
東京都文京区小日向 4 丁目 6 番 19 号
電話 (03) 3947-2511　（代表）
振替口座 00110-2-57035 番
www.kyoritsu-pub.co.jp

印　刷　加藤文明社

製　本　ブロケード

検印廃止
NDC 410.79, 411.73, 414.4

ISBN 978-4-320-11564-4

一般社団法人
自然科学書協会
会員

Printed in Japan

「数学探検」「数学の魅力」「数学の輝き」の三部からなる数学講座

共立講座 数学探検 全18巻

新井仁之・小林俊行・斎藤 毅・吉田朋広 編

数学に興味はあっても基礎知識を積み上げていくのは重荷に感じられる
でしょうか？　「数学探検」では、そんな方にも数学の世界を発見できる
よう、大学での数学の従来のカリキュラムにはとらわれず、予備知識が
少なくても到達できる数学のおもしろいテーマを沢山とりあげました。
時間に制約されず、興味をもったトピックを、ときには寄り道もしなが
ら、数学を自由に探検してください。

※続刊テーマ、執筆者、価格は予告なく変更され
る場合がございます。